大豆功效成分理化与卫生指标检测技术

吴淑清　刘　雷　邹险峰　雷海容　编

·北京·

图书在版编目（CIP）数据

大豆功效成分理化与卫生指标检测技术 / 吴淑清等编. —北京：科学技术文献出版社，2019.9

ISBN 978-7-5189-6023-1

Ⅰ.①大… Ⅱ.①吴… Ⅲ.①大豆—食品卫生—食品检验 Ⅳ.① S565.1

中国版本图书馆 CIP 数据核字（2019）第 186977 号

大豆功效成分理化与卫生指标检测技术

策划编辑：孙江莉　　责任编辑：张永霞　　责任校对：张吲哚　　责任出版：张志平

出 版 者　科学技术文献出版社
地　　址　北京市复兴路15号　邮编 100038
编 务 部　(010) 58882938，58882087（传真）
发 行 部　(010) 58882868，58882870（传真）
邮 购 部　(010) 58882873
官方网址　www.stdp.com.cn
发 行 者　科学技术文献出版社发行　全国各地新华书店经销
印 刷 者　北京虎彩文化传播有限公司
版　　次　2019 年 9 月第 1 版　2019 年 9 月第 1 次印刷
开　　本　710×1000　1/16
字　　数　190 千
印　　张　11.5
书　　号　ISBN 978-7-5189-6023-1
定　　价　58.00 元

序

随着改革开放持续发展，人民生活水平不断提高，我国中产阶层和老年群体开始对个人健康和慢性病管控从被动医疗向“防病于未然”主动保健过渡。健康、美容、长寿，已成为人们提高生活品质的追求。人们期望从大自然中获取天然食品，安全无毒，富有营养，不仅促进身体健康，还有防病治病的功效。

我国是大豆的故乡，“大豆养育了中华民族”。大豆是我国传统的“药食同源”植物，早在3000年前《黄帝内经》记载：“治病必求其本”“人以五谷（稻、黍、稷、麦、菽）为本”。如今，大豆与大豆提取物已是保健功能食品类群中重要组分。长春大学国家大豆深加工技术研究推广中心自20世纪80年代至今，一直围绕大豆中功效活性成分分离提取，开展研究与工程化实践工作。

在国家综合整治食品安全活动中，检测技术对明辨保健功能食品是否存在虚假、欺诈宣传起到重要作用。笔者作为检测人员，有责任去浊存清，维护法律、法规，准确评价大豆功能食品质量，为保健功能食品提供能证明其功能指标客观的检测技术，促进我国生产力与全民健康发展。

笔者在科研与工程实践工作中，掌握了大量检测大豆功能活性成分含量、卫生指标等技术。为了帮助读者在科研分析、教学实践及专利实施过程中了解大豆功能因子检测方法，笔者将多年来研究、整理所得大豆功能因子理化与卫生指标检测技术编写成书，以利于有这方面需要的读者在检测时使用。

本书出版编写过程中，引用了检测技术制定者和文献编著者的一些资料，在此致以诚挚感谢。

这是一本应用于大豆功效成分检测的工具书，书中难免有疏漏之处，希望读者在实践应用过程中予以指正，以便再版时完善。

雷海容作序于长春大学

2019年7月2日

目录

第一章 大豆制品的常规检测

现按照国家标准、部颁标准、最新发布等，将基本可满足企业要求的主要检测方法系统、完整地介绍如下。

1　水分的测定方法[1]

1.1　适用范围

本方法中直接干燥法适用于谷物及其制品、水产品、豆制品、乳制品、肉制品及卤菜制品等食品中水分的测定；减压干燥法则适用于糖及糖果、味精等易分解食品中水分的测定。

1.2　测定方法

1.2.1　第一法　直接干燥法

（1）原理

食品中水分一般是指在 100 ℃左右直接干燥的情况下，所失去物质的总量。

直接干燥法适用于在 95 ~ 105 ℃下，不含或含其他挥发性物质甚微的食品。

（2）试剂

① 6 mol/L 盐酸：量取 100 mL 盐酸，加水稀释至 200 mL。

② 6 mol/L 氢氧化钠溶液：称取 24 g 氢氧化钠，加水溶解并稀释至 100 mL。

③ 海砂：取用水洗去泥土的海砂或河砂，先用 6 mol/L 盐酸煮沸 0.5 h，用水洗至中性，再用 6 mol/L 氢氧化钠溶液煮沸 0.5 h，用水洗至中性，经 105 ℃干燥备用。

（3）仪器

① 扁形铝制或玻璃制称量瓶：内径 60 ~ 70 mm，高 35 mm 以下。

② 电热恒温干燥箱。

（4）分析步骤

① 固体试样。取洁净铝制或玻璃制的扁形称量瓶，置于 95 ~ 105 ℃ 干燥箱中，瓶盖斜支于瓶边，加热 0.5 ~ 1.0 h，取出盖好，置干燥器内冷却 0.5 h 后，称量，并重复干燥至恒重。称取 2.00 ~ 10.00 g 切碎或磨细的试样，放入此称量瓶中，试样厚度约为 5 mm。加盖，精密称量后，置 95 ~ 105 ℃ 干燥箱中，瓶盖斜支于瓶边，干燥 2 ~ 4 h，盖好取出，放入干燥器内冷却 0.5 h 后称量。然后再放入 95 ~ 105 ℃ 干燥箱中干燥 1 h 左右，取出，放干燥器内冷却 0.5 h 后再称量。至前后两次质量差不超过 2 mg，即为恒重。

② 半固体或液体试样。取洁净的蒸发皿，内加 10.00 g 海砂及一根小玻璃棒，置于 95 ~ 105 ℃ 干燥箱中，干燥 0.5 ~ 1.0 h 后取出，放入干燥器内冷却0.5 h 后称量，并重复干燥至恒重。然后精密称取 5 ~ 10 g 试样，置于蒸发皿中，用小玻璃棒搅匀放在沸水浴上蒸干，并随时搅拌，擦去皿底的水滴，置于 95 ~ 105 ℃ 干燥箱中干燥 4 h 后盖好取出，放入干燥器内冷却 0.5 h 后称量。以下按①中自“然后再放入 95 ~ 105 ℃ 干燥箱中干燥 1 h 左右……”起依法操作。

（5）结果计算

试样中的水分的含量按式（1.1）计算：

$$X = \frac{m_1 - m_2}{m_1 - m_3} \times 100 。 \tag{1.1}$$

式中：

X——试样中水分的含量；

m_1——称量瓶（或蒸发皿加海砂、玻璃棒）和试样的质量，单位为 g；

m_2——称量瓶（或蒸发皿加海砂、玻璃棒）和试样干燥后的质量，单位为 g；

m_3——称量瓶（或蒸发皿加海砂、玻璃棒）的质量，单位为 g。

计算结果保留 3 位有效数字。

（6）精密度

在重复性条件下获得的两次独立测定结果的绝对差值不得超过算术平均值的 5%。

1.2.2　第二法　减压干燥法

(1) 原理

食品中的水分指在一定的温度及减压的情况下失去物质的总量，适用于含糖、味精等易分解的食品。

(2) 仪器

①扁形铝制或玻璃制称量瓶：内径 60 ~ 70 mm，高 35 mm 以下。

②真空干燥箱。

(3) 分析步骤

① 试样的制备：粉末和结晶试样直接称取；硬糖果经乳钵粉碎，软糖用刀片切碎，混匀备用。

② 测定：取已恒重的称量瓶准确称取 2 ~ 10 g 试样，放入真空干燥箱内，将干燥箱连接水泵或真空泵，抽出干燥箱内空气至所需压力（一般为 40 kPa ~ 53 kPa)，同时加热至所需温度（60 ± 5)℃。关闭通水泵或真空泵上的活塞，停止抽气，使干燥箱内保持一定的温度和压力，经 4 h 后，打开活塞，使空气经干燥装置缓缓通入至干燥箱内，待压力恢复正常后再打开。取出称量瓶，放入干燥器中 0.5 h 后称量，并重复以上操作至恒重。

(4) 结果计算

同 1.2.1 中的（5）。

计算结果保留 3 位有效数字。

(5) 精密度

在重复性条件下获得的两次独立测定结果的绝对差值不得超过算术平均值的 10%。

2　灰分的测定方法[2]

2.1　适用范围

本方法适用于食品中灰分含量的测定。

2.2　原理

食品经灼烧后所残留的无机物质称为灰分。灰分用灼烧、称重法测定。

2.3 仪器

① 电炉子。

② 马弗炉。

③ 分析天平。

④ 石英坩埚或瓷坩埚。

⑤ 干燥器。

2.4 分析步骤

① 取大小适宜的石英坩埚或瓷坩埚置马弗炉中，在（550±25）℃下灼烧0.5 h，冷却至200 ℃以下后，取出，放入干燥器中冷却至室温，准确称量，并重复灼烧至恒重。

② 坩埚加入2~3 g固体试样或5~10 g液体试样后，准确称量。

③ 液体试样应先在沸水浴上蒸干。固体或蒸干后的试样，先以小火在电炉子上加热（在排风厨中进行）使试样充分炭化至无烟，然后置马弗炉中，在（550±25）℃灼烧4 h。冷却至200 ℃以下后取出放入干燥器中冷却30 min，在称量前如灼烧残渣有炭粒，向试样中滴入少许水湿润，使结块松散，蒸出水分再次灼烧直至无炭粒即灰化完全，准确称量。重复灼烧至前后两次称量相差不超过0.5 mg为恒重。

2.5 结果计算

试样中灰分含量按式（1.2）计算：

$$X = \frac{m_1 - m_2}{m_3 - m_2} \times 100。 \tag{1.2}$$

式中：

X——试样中灰分的含量，单位为g/100 g；

m_1——坩埚和灰分的质量，单位为g；

m_2——坩埚的质量，单位为g；

m_3——坩埚和试样的质量，单位为g。

计算结果保留3位有效数字。

2.6 精密度

在重复性条件下获得的两次独立测定结果的绝对差值不得超过算术平均

值的5%。

3　溶解度的测定方法[3]

3.1　适用范围

适用于婴幼儿食品和乳粉的溶解度的测定。粉状大豆制品溶解度测定可参照此方法。

3.2　原理

将样品加入到25～30 ℃的水中，分数次溶解，保温一段时间，离心。沉淀干燥至恒重，以重量法计算溶解度。

3.3　仪器和设备

① 离心管：50 mL，厚壁、硬质。

② 烧杯：50 mL。

③ 离心机：转速4000 r/min。

④ 称量皿：直径50～70 mm的铝皿或玻璃皿。

3.4　分析步骤

① 称取样品5 g（准确至0.01 g）于50 mL烧杯中，用38 mL 25～30 ℃的水分数次将乳粉溶解于50 mL离心管中，加塞。

② 将离心管置于30 ℃水中保温5 min，取出，振摇3 min。

③ 置离心机中，以适当的转速离心10 min，使不溶物沉淀。倾去上清液，并用棉栓擦净壁。

④ 再加入25～30 ℃的水38 mL，加塞，上下振荡，使沉淀悬浮。

⑤ 再置离心机中离心10 min，倾去上清液，用棉栓仔细擦净管壁。

⑥ 用少量水将沉淀冲洗入已知质量的称量皿中，先在沸水浴上将皿中水分蒸干，再移入100 ℃烘箱中干燥至恒重（最后两次质量差不超过2 mg）。

3.5　结果计算

样品溶解度按式（1.3）计算：

$$X = 100 - \frac{(m_2 - m_1) \times 100}{(1 - B) \times m} \text{。} \quad (1.3)$$

式中：

X——样品的溶解度，单位为 g/100 g；

m——样品的质量，单位为 g；

m_1——称量皿质量，单位为 g；

m_2——称量皿和不溶物干燥后质量，单位为 g；

B——样品水分，单位为 g/100 g。

注：加糖乳计算时要扣除加糖量。

4 脲酶的定性检验方法[4]

4.1 适用范围

本方法适用于婴幼儿配方食品和乳粉中脲酶的定性检验，亦适用于大豆及大豆制品的脲酶定性检验。

4.2 原理

脲酶在适当 pH 和温度下催化尿素，转化成碳酸铵，碳酸铵在碱性条件下形成氢氧化铵，再与纳氏试剂中的碘化钾汞复盐作用形成碘化双汞铵。如试样中脲酶活性消失，上述反应即不发生。

$$NH_2CONH_2 + 2H_2O \xrightarrow{\text{脲酶}} (NH_4)_2CO_3,$$

$$(NH_4)_2CO_3 + 2NaOH \longrightarrow Na_2CO_3 + 2NH_4OH,$$

$$2K_2[HgI_4] + 3KOH + NH_3 \rightarrow \underset{\text{黄棕色沉淀}}{NH_2Hg_2OI} + 7KI + 2H_2O\text{。}$$

4.3 试剂

4.3.1 尿素溶液

浓度为 10 g/L。

4.3.2 钨酸钠溶液

浓度为 100 g/L。

4.3.3 酒石酸钾钠溶液

浓度为 20 g/L。

4.3.4　硫酸

体积分数为5%。

4.3.5　中性缓冲液

取下述磷酸氢二钠溶液611 mL，磷酸二氢钾溶液389 mL，两种溶液混合均匀。

（1）磷酸氢二钠溶液

称取无水磷酸氢二钠9.47 g，溶于1000 mL蒸馏水中。

（2）磷酸二氢钾溶液

称取磷酸二氢钾9.07 g，溶于1000 mL蒸馏水中。

4.3.6　纳氏试剂

称取红色碘化汞（HgI_2）55 g、碘化钾41.25 g，溶于250 mL蒸馏水中，溶解后，倒入1000 mL容量瓶中。再称取氢氧化钠144 g溶于500 mL水中，溶解并冷却后，再缓慢地倒入上述1000 mL的容量瓶中，加水至刻度，摇匀，静置后，用上清液。

4.4　操作步骤

① 取10 mL比色管甲、乙两支，各加入0.1 g样品，1 mL蒸馏水，振摇0.5 min（约100次）。然后各加入1 mL中性缓冲溶液。

② 向甲管（样品管）加入1 mL尿素溶液，再向乙管（空白对照管）加入1 mL蒸馏水，两管摇匀后，置于40 ℃水浴中保温20 min。

③ 从水浴中取出两管后，各加4 mL蒸馏水，摇匀，再加1 mL钨酸钠溶液，摇匀，加1 mL硫酸溶液，摇匀，过滤备用。

④ 取上述滤液2 mL，分别注入两支25 mL具塞的比色管中。各加入15 mL水、1 mL酒石酸钾钠溶液、2 mL纳氏试剂，最后以蒸馏水定容至25 mL，摇匀。观察结果。

4.5　分析结果的表述

分析结果按表1－1进行判断。

表1-1 结果的判断

脲酶定性	表示符号	显示情况
强阳性	+ + + +	砖红色混浊或澄清液
次强阳性	+ + +	橘红色澄清液
阳性	+ +	深金黄色或黄色澄清液
弱阳性	+	淡黄色或微黄色澄清液
阴性	-	样品管与空白对照管同色或更淡

5 尿素酶活性的测定[5]

5.1 适用范围

本方法适用于大豆、大豆制得的产品和副产品中尿素酶活性的测定。此方法可了解大豆制品的湿热处理程度。

5.2 原理

将粉碎的大豆制品与中性尿素缓冲溶液混合，在（30±0.5)℃下精确保温30 min后，尿素酶催化尿素水解产生氨的反应。用过量的盐酸溶液中和所产生的氨，再用氢氧化钠标准溶液回滴。

5.3 仪器设备

① 粉碎机：粉碎时应不产生强热。

② 样品筛：孔径200 μm。

③ 分析天平：感量0.1 mg。

④ 恒温水浴：可控温（30±0.5)℃。

⑤ 计时器。

⑥ 酸度计：精度0.02 pH，附有磁力搅拌器和滴定装置。

⑦ 实验室常用玻璃仪器。

5.4 试剂和溶液

试剂为分析纯，水应符合国家标准规定的二级水标准。

5.4.1 尿素缓冲溶液［pH (7.0±0.1)］

称取8.95 g十二水磷酸氢二钠（$Na_2HPO_4 \cdot 12H_2O$）、3.4 g磷酸二氢钾

（KH_2PO_4）溶于水并稀释至1000 mL，再将30 g尿素溶解在此缓冲液中，有效期1个月。

5.4.2　盐酸溶液［c（HCl）=0.1 mol/L］

称取8.3 mL盐酸，用水稀释至1000 mL。

5.4.3　氢氧化钠溶液［c（NaOH）=0.1 mol/L］

称取4 g氢氧化钠溶于水并稀释至1000 mL，配制和标定。

5.4.4　甲基红、溴甲酚绿混合乙醇溶液

称取0.1 g甲基红，溶于95%乙醇并稀释至100 mL，再称取0.5 g溴甲酚绿，溶于95%乙醇并稀释至100 mL，两种溶液等体积混合，储存于棕色瓶中。

5.5　试样的制备

用粉碎机将具有代表性的样品粉碎，使之全部通过样品筛。对特殊样品（水分或挥发物含量较高而无法粉碎的样品）应先在实验室温度下进行预干燥，再进行粉碎，当计算结果时应将干燥失重计算在内。

5.6　测定步骤

称取约0.2 g制备好的试样，精确至0.1 mg，置于玻璃试管中（如活性很高可称0.05 g试样），加入10 mL尿素缓冲溶液，立即盖好试管并剧烈摇动后，将试管马上置于（30±0.5）℃恒温水浴中，计时保持30 min±10 s。要求每个试样加入尿素缓冲液的时间间隔保持一致。停止反应后再以相同的时间间隔加入10 mL盐酸溶液，振摇后迅速冷却至20 ℃。将试管内容物全部转入小烧杯中，用20 mL水冲洗试管数次，以氢氧化钠标准溶液用酸度计滴定至pH 4.70。如果选择用指示剂，则将试管内容物全部转入250 mL锥形瓶中加入8～10滴混合指示剂，以氢氧化钠标准溶液滴定至溶液呈蓝绿色。

另取试管做空白试验，称取约0.2 g制备好的试样，精确至0.1 mg，置于玻璃试管中（如活性很高可称0.05 g试样），加入10 mL盐酸溶液，振摇后再加入10 mL尿素缓冲液，立即盖好试管并剧烈摇动，将试管置于（30±0.5）℃的恒温水浴中，计时保持30 min±10 s，停止反应时将试管迅速冷却至20 ℃，将试管内容物全部转入小烧杯中，用20 mL水冲洗试管数次，并用氢氧化钠标准溶液滴定至pH 4.70。如果选择用指示剂，则将试管内容物全部转入250 mL锥形瓶中加入8～10滴混合指示剂，以氢氧化钠标准溶液滴定至溶液呈蓝绿色。

5.7 结果计算

① 大豆制品中尿素酶活性 X 按式（1.4）计算：

$$X = \frac{14 \times c(V_0 - V)}{30 \times m}。 \tag{1.4}$$

若试样经粉碎前的预干燥处理后，则按式（1.5）计算：

$$X = \frac{14 \times c(V_0 - V)}{30 \times m} \times (1 - S)。 \tag{1.5}$$

式中：

X——试样的尿素酶活性，单位为 U/g；

c——氢氧化钠标准滴定溶液浓度，单位为 mol/L；

V_0——空白消耗氢氧化钠标准滴定溶液体积，单位为 mL；

V——测定试样消耗氢氧化钠标准滴定溶液体积，单位为 mL；

14——氮的摩尔质量，M（N_2）=14 g/mol；

30——反应时间，单位为 min；

m——试样质量，单位为 g；

S——预干燥时试样失重的质量分数，%。

计算结果表示到小数点后两位。

② 重复性：同一分析人员用相同分析方法，同时或连续两次测定活性≤0.2 时结果之差不超过平均值的 20%，活性 >0.2 时结果之差不超过平均值的 10%，结果以算术平均值表示。

参考文献

[1] 中华人民共和国国家卫生和计划生育委员会．食品安全国家标准　食品中水分的测定：GB 5009.3 - 2016 [S]．北京：中国标准出版社，2017：1 - 2.

[2] 中华人民共和国国家卫生和计划生育委员会．食品安全国家标准　食品中灰分的测定：GB 5009.4 - 2016 [S]．北京：中国标准出版社，2017：1 - 4.

[3] 中华人民共和国卫生部．食品安全国家标准　婴幼儿食品和乳品溶解性的测定：GB 5413.29 - 2010 [S]．北京：中国标准出版社，2010：1 - 6.

[4] 中华人民共和国国家卫生和计划生育委员会. 食品安全国家标准 婴幼儿食品和乳品中脲酶的测定: GB 5413.31-2013 [S]. 北京: 中国标准出版社, 2014: 1-2.

[5] 中华人民共和国国家质量监督检验检疫总局, 中国国家标准化管理委员会. 饲料用大豆制品中尿素酶活性的测定: GB/T 8622-2006 [S]. 北京: 中国标准出版社, 2006: 1-3.

第二章 大豆功效因子（非脂溶性）检测方法

1 膳食纤维的测定方法[1]

1.1 适用范围

本方法规定了食品中膳食纤维的测定方法（酶重量法）。

本方法适用于所有植物性食品及其制品中总的、可溶性和不溶性膳食纤维的测定，但不包括低聚果糖、低聚半乳糖、聚葡萄糖、抗性麦芽糊精、抗性淀粉等膳食纤维组分。

1.2 原理

干燥试样经热稳定 α－淀粉酶、蛋白酶和葡萄糖苷酶酶解消化去除蛋白质和淀粉后，经乙醇沉淀、抽滤，残渣用乙醇和丙酮洗涤，干燥称量，即为总膳食纤维残渣。另取试样同样酶解，直接抽滤并用热水洗涤，残渣干燥称量，即得不溶性膳食纤维残渣；滤液用1倍体积的乙醇沉淀、抽滤、干燥称量，得可溶性膳食纤维残渣。扣除各类膳食纤维残渣中相应的蛋白质、灰分和试剂空白含量，即可计算出试样中总的、不溶性和可溶性膳食纤维含量。

本方法测定的总膳食纤维为不能被 α－淀粉酶、蛋白酶和葡萄糖苷酶酶解的碳水化合物聚合物，包括不溶性膳食纤维和能被乙醇沉淀的高分子质量可溶性膳食纤维，如纤维素、半纤维素、木质素、果胶、部分回生淀粉，以及其他非淀粉多糖和美拉德反应产物等；不包括低分子质量（聚合度3～12）的可溶性膳食纤维，如低聚果糖、低聚半乳糖、聚葡萄糖、抗性麦芽糊精及抗性淀粉等。

1.3　试剂和材料

除非另有说明，本方法所用试剂均为分析纯，水应符合国家标准规定的二级水标准。

1.3.1　试剂

① 95%乙醇（CH_2CH_3OH）。

② 丙酮（CH_3COCH_3）。

③ 石油醚：沸程 30～60 ℃。

④ 氢氧化钠（NaOH）。

⑤ 重铬酸钾（$K_2Cr_2O_7$）。

⑥ 三羟甲基氨基甲烷（$C_4H_{11}NO_3$，TRIS）。

⑦ 2－（*N*－吗啉代）乙烷磺酸一水（$C_6H_{13}NO_4S \cdot H_2O$，MES）。

⑧ 冰乙酸（CH_4O_2）。

⑨ 盐酸（HCl）。

⑩ 硫酸（H_2SO_4）。

⑪ 热稳定 α－淀粉酶液：CAS 9000－85－5，IUB 3.2.1.1，（10 000±1000）U/mL，不得含丙三醇稳定剂，于 0～5 ℃冰箱储存，酶的活性测定及判定标准应符合 1.6 的要求。

⑫ 蛋白酶液：CAS 9014－01－1，IUB 3.2.21.14，300～100 U/mL，不得含丙三醇稳定剂，于 0～5 ℃冰箱储存，酶的活性测定及判定标准应符合 1.6 的要求。

⑬ 淀粉葡萄糖苷酶液：CAS 9032－08－0，IUB 3.2.1.3，2000～3300 U/mL，于 0～5 ℃储存，酶的活性测定及判定标准应符合 1.6 的要求。

⑭ 硅藻土：CAS 688 55－51－9。

1.3.2　试剂配制

① 乙醇溶液（85%，体积分数）：取 895 mL 95%乙醇，用水稀释并定容至 1L，混匀。

② 乙醇溶液（78%，体积分数）：取 821 mL 95%乙醇，用水稀释并定容至 1L，混匀。

③ 氢氧化钠溶液（6 mol/L）：称取 24 g 氢氧化钠，用水溶解至 100 mL，混匀。

④ 氢氧化钠溶液（1 mol/L）：称取 4 g 氢氧化钠，用水溶解至 100 mL，

混匀。

⑤ 盐酸溶液（1 mol/L）：取 8.33 mL 盐酸，用水稀释至 100 mL，混匀。

⑥ 盐酸溶液（2 mol/L）：取 167 mL 盐酸，用水稀释至 1L，混匀。

⑦ MES－TRIS 缓冲液（0.05 mol/L）：称取 19.52 g 2－（*N*－吗啉代）乙烷磺酸和 12.2 g 三羟甲基氨基甲烷，用 1.7 L 水溶解，根据室温用 6 mol/L 氢氧化钠溶液调 pH，20 ℃时调 pH 至 8.3，24 ℃时调 pH 至 8.2，28 ℃时调 pH 至 8.1；20～28 ℃其他室温用插入法校正 pH。加水稀释至 2 L。

⑧ 蛋白酶溶液：用 0.05 mol/L MES－TRIS 缓冲液配成浓度为 50 mg/mL 的蛋白酶溶液，使用前现配并于 0～5℃暂存。

⑨ 酸洗硅藻土：取 200 g 硅藻土于 600 mL 2 mol/L 盐酸溶液中浸泡过夜，过滤，用水洗至滤液为中性，置于（525±5）℃马弗炉中灼烧灰分后备用。

⑩ 重铬酸钾洗液：称取 100 g 重铬酸钾，用 200 mL 水溶解，加入 1800 mL 浓硫酸混合。

⑪ 乙酸溶液（3 mol/L）：取 172 mL 乙酸，加入 700 mL 水，混匀后用水定容至 1L。

1.4 仪器和设备

① 高型无导流口烧杯：400 mL 或 600 mL。

② 坩埚：具粗面烧结玻璃板，孔径 40～60 μm。清洗后的坩埚在马弗炉中（525±5）℃灰化 6 h，炉温降至 130 ℃以下取出，于重铬酸钾洗液中室温浸泡 2 h，用水冲洗干净，再用 15 mL 丙酮冲洗后风干。用前加入约 1.0 g 硅藻土，130 ℃烘干，取出坩埚，在干燥器中冷却约 1 h，称量，记录处理后坩埚质量（m_G），精确到 0.1 mg。

③ 真空抽滤装置：真空泵或有调节装置的抽吸器。备 1 L 抽滤瓶，侧壁有抽滤口，带与抽滤瓶配套的橡胶塞，用于酶解液抽滤。

④ 恒温振荡水浴箱：带自动计时器，控温范围室温 5～100 ℃，温度波动 ±1 ℃。

⑤ 分析天平：感量 0.1 mg 和 1 mg。

⑥ 马弗炉：（525±5）℃。

⑦ 烘箱：（130±3）℃。

⑧ 干燥器：二氧化硅或同等的干燥剂。干燥剂每两周烘干（130±3）℃过夜 1 次。

⑨ pH 计：具有温度补偿功能，精度 ±0.1。用前用 pH 分别为 4.0、7.0 和 10.0 的标准缓冲液校正。

⑩ 真空干燥箱：(70 ±1)℃。

⑪ 筛：筛板孔径 0.3 ~0.5 mm。

1.5　分析步骤

1.5.1　制备

试样处理根据水分含量、脂肪含量和糖含量进行适当的处理及干燥，并粉碎、混匀过筛。

（1）脂肪含量 <10% 的试样

若试样水分含量较低（<10%），取试样直接反复粉碎至完全过筛，混匀，待用。若试样水分含量较高（≥10%），试样混匀后，称取适量试样（m_C，不少于 50 g），置于（70 ±1）℃真空干燥箱内干燥至恒重。将干燥后试样转至干燥器中，待试样温度降到室温后称量（m_D）。根据干燥前后试样质量，计算试样质量损失因子（f）。干燥后试样反复粉碎至完全过筛，置于干燥器中待用。

注：若试样不宜加热，也可采取冷冻干燥法。

（2）脂肪含量≥10% 的试样

试样需经脱脂处理。称取适量试样（m_C，不少于 50 g）置于漏斗中，按每克试样 25 mL 的比例加入石油醚进行冲洗，连续 3 次。脱脂后将试样混匀再按上面的进行干燥、称量（m_D），记录脱脂、干燥后试样质量损失因子（f）。试样反复粉碎至完全过筛，置于干燥器中待用。

注：若试样脂肪含量未知，按先脱脂再干燥粉碎方法处理。

（3）糖含量≥5% 的试样

试样需经脱糖处理。称取适量试样（m_C，不少于 50 g）置于漏斗中，按每克试样 10 mL 的比例用 85% 乙醇溶液冲洗，弃乙醇溶液，连续 3 次。脱糖后将试样置于 40 ℃烘箱内干燥过夜，称量（m_D），记录脱糖、干燥后试样质量损失因子（f）。干样反复粉碎至完全过筛，置于干燥器中待用。

1.5.2　酶解

① 准确称取双份试样（m），约 1 g（精确至 0.1 mg），双份试样的质量差 ≤0.005 g。将试样转置于 100 ~600 mL 高脚烧杯中，加入 0.05 mol/L MES - TRIS 缓冲液 40 mL，用磁力搅拌直至试样完全分散在缓冲液中。同时制备两

个空白样液与试样液进行同步操作，用于校正试剂对测定的影响。

注：搅拌均匀，避免试样结成团块，以防止试样酶解过程中不能与酶充分接触。

② 热稳定 α－淀粉酶酶解：向试样液中分别加入 50 μL 热稳定 α－淀粉酶液缓慢搅拌，加盖铝箔，置于 95～100 ℃恒温振荡水浴箱中持续振摇，当温度升至 95 ℃开始计时，通常反应 35 min。将烧杯取出，冷却至 60 ℃，打开铝箔盖，用刮勺轻轻将附着于烧杯内壁的环状物及烧杯底部的胶状物刮下，用 10 mL 水冲洗烧杯壁和刮勺。

注：如试样中抗性淀粉含量较高（>40%），可延长热稳定 α－淀粉酶酶解时间至 90 min，如必要也可另加入 10 mL 二甲基亚砜帮助淀粉分散。

③ 蛋白酶酶解：将试样液置于（60 ± 1）℃水浴中，向每个烧杯加入 100 μL蛋白酶溶液，盖上铝箔，开始计时，持续振摇，反应 30 min。打开铝箔盖，边搅拌边加入 5 mL 3 mol/L 乙酸溶液，控制试样温度保持在（60 ± 1）℃。用 1 mol/L 氢氧化钠溶液或 1 mol/L 盐酸溶液调节试样液 pH 至（4.5 ±0.2）。

注：应在（60 ± 1）℃时调 pH，因为温度降低会使 pH 升高。同时注意进行空白样液的 pH 测定，保证空白样和试样液的 pH 一致。

④ 淀粉葡糖苷酶酶解：边搅拌边加入 100 μL 淀粉葡萄糖苷酶液，盖上铝箔，继续于（60 ± 1）℃水浴中持续振摇，反应 30 min。

1.5.3 测定步骤

（1）总膳食纤维（TDF）测定

① 沉淀：向每份试样酶解液中，按乙醇与试样液体积比 4∶1 的比例加入预热至（60 ± 1）℃的 95% 乙醇（预热后体积约为 225 mL），取出烧杯，盖上铝箔，于室温条件下沉淀 1 h。

② 抽滤：取已加入硅藻土并干燥称量的坩埚，用 15 mL 78% 乙醇润湿硅藻土并展平，接上真空抽滤装置，抽去乙醇使坩埚中硅藻土平铺于滤板上。将试样乙醇沉淀液转移入坩埚中抽滤，用刮勺和 78% 乙醇将高脚烧杯中所有残渣转至坩埚中。

③ 洗涤：分别用 78% 乙醇 15 mL 洗涤残渣 2 次，用 95% 乙醇 15 mL 洗涤残渣 2 次，用丙酮 15 mL 洗涤残渣 2 次，抽滤去除洗涤液后，将坩埚连同残渣在 105 ℃烘干过夜。将坩埚置干燥器中冷却 1 h，称量（m_{GR}，包括处理后坩埚质量及残渣质量），精确至 0.1 mg。减去处理后坩埚质量，计算试样残渣质量（m_R）。

④ 蛋白质和灰分的测定：取 2 份试样残渣中的 1 份测定氮（N）含量，以 6.25 为换算系数，计算蛋白质质量（m_P）；另 1 份试样测定灰分，即在 525 ℃灰化 5 h，于干燥器中冷却，精确称量坩埚总质量［精确至 0.1 mg，减去处理后坩埚质量，计算灰分质量（m_A）］。

（2）不溶性膳食纤维（IDF）测定

① 按上述方法称取试样、酶解。

② 抽滤洗涤：取已处理的坩埚，用 3 mL 水润湿硅藻土并展平，抽去水分使坩埚中的硅藻土平铺于滤板上。将试样酶解液全部转移至坩埚中抽滤，残渣用 70 ℃热水 10 mL 洗涤 2 次，收集并合并滤液，转移至另一 600 mL 高脚烧杯中，备测可溶性膳食纤维。残渣按上述方法洗涤、干燥、称量，记录残渣重量。

③ 按上述方法测定蛋白质和灰分。

（3）可溶性膳食纤维（SDF）测定

① 计算滤液体积：收集不溶性膳食纤维抽滤产生的滤液，置已预先称量的 600 mL 高脚烧杯中，通过称量“烧杯 + 滤液”总质重，扣除烧杯质量的方法估算滤液体积。

② 沉淀：按滤液体积加入 1 倍量预热至 60 ℃的 95% 乙醇，室温下沉淀 1 h。以下测定按总膳食纤维测定步骤进行。

1.5.4　分析结果表述及计算

TDF、IDF、SDF 均按式（2.1）至式（2.4）计算。

①试剂空白质量按式（2.1）计算：

$$m_B = \overline{m}_{BR} - m_{BP} - m_{BA}。 \tag{2.1}$$

式中：

m_B——试剂空白质量，单位为 g；

$\overline{m}_{BR}$——双份试剂空白残渣质量均值，单位为 g；

m_{BP}——试剂空白残渣中蛋白质质量，单位为 g；

m_{BA}——试剂空白残渣中灰分质量，单位为 g。

②试样中膳食纤维的含量按式（2.2）至式（2.4）计算：

$$m_R = m_{GR} - m_G; \tag{2.2}$$

$$f = \frac{m_C}{m_D}; \tag{2.3}$$

$$X = \frac{\overline{m}_R - m_P - m_A - m_B}{\overline{m} \times f}。 \tag{2.4}$$

式中：

m_R——试样残渣质量，单位为 g；

m_{GR}——处理后坩埚质量及残渣质量，单位为 g；

m_G——处理后坩埚质量，单位为 g；

X——试样中膳食纤维的含量，单位为 g/100 g；

$\overline{m}_R$——双份试样残渣质量均值，单位为 g；

m_P——试样残渣中蛋白质质量，单位为 g；

m_A——试样残渣中灰分质量，单位为 g；

m_B——试剂空白质量，单位为 g；

$\overline{m}$——双份试样取样质量均值，单位为 g；

f——试样制备时因干燥、脱脂、脱糖导致质量变化的校正因子；

m_C——试样制备前质量，单位为 g；

m_D——试样制备后质量，单位为 g。

注：① 如果试样没有经过干燥、脱脂、脱糖等处理，$f=1$。

② TDF 的测定可以按照总膳食纤维（TDF）测定进行独立检测，也可分别按照“不溶性膳食纤维（IDF）测定”和“可溶性膳食纤维（SDF）测定”测定 IDF 和 SDF，根据公式计算，TDF = IDF + SDF。

③ 当试样中添加了抗性淀粉、抗性麦芽糊精、低聚果糖、低聚半乳糖、聚葡萄糖等符合膳食纤维定义却无法通过酶重量法检出的成分时，宜采用适宜方法测定相应的单体成分，总膳食纤维计算公式为：总膳食纤维 = TDF（酶重量法）+单体成分。

以重复性条件下获得的两次独立测定结果的算术平均值表示，结果保留 3 位有效数字。

1.5.5 精密度

在重复性条件下获得的两次独立测定结果的绝对差值不得超过算术平均值的 10%。

1.6 热稳定淀粉酶、蛋白酶、淀粉葡萄糖苷酶的活性要求及判定标准

1.6.1 酶活性要求

(1) 热稳定淀粉酶

① 淀粉为底物，以 Nelson/Somogyi 还原糖测试淀粉酶活性：(10 000 +

1000）U/mL。1 U 表示在 40 ℃、pH 6.5 时，每分钟释放 1 μmol 还原糖所需要的酶量。

② 以对硝基苯基麦芽糖为底物测试的淀粉酶活性：（3000 + 300）Ceralpha U/mL。1 Ceralpha U 表示在 40 ℃、pH 6.5 时，每分钟释放 1 μmol 对硝基苯基所需要的酶量。

（2）蛋白酶

① 以酪蛋白为底物测试的蛋白酶活性：300 ~ 400 U/mL。1 U 表示在 40 ℃、pH 8.0 时，每分钟从可溶性酪蛋白中水解出可溶于三氯乙酸的 1 μmol 酪氨酸所需要的酶量。

② 以酪蛋白为底物采用 Folin – Ciocalteau 显色法测试的蛋白酶活性：7 ~ 15 U/mg。1 U 表示在 37 ℃、pH 7.5 时，每分钟从酪蛋白水解得到相当于 1.0 μmol酪氨酸在显色反应中所引起的颜色变化所需要的酶量。

③ 以偶氮 – 酪蛋白法测试的内肽酶活性：300 ~ 400 U/mL。1 U 表示在 40 ℃、pH 8.0 时，每分钟从可溶性酪蛋白中水解出（并溶于三氯乙酸）1 μmol 酪氨酸所需要的酶量。

（3）淀粉葡萄糖苷酶

① 以淀粉/葡萄糖氧化酶 – 过氧化物酶法测试淀粉葡萄糖苷酶活性 2000 ~ 3300 U/mL。1 U 表示在 40 ℃、pH 4.5 时，每分钟释放 1 μmol 葡萄糖所需要的酶量。

② 以对 – 硝基苯基 – β – 麦芽糖苷（PNPBM）法测试淀粉葡萄糖苷酶活性 130 ~ 200 U/mL。1 PNP U 表示在 40 ℃且有过量的 β – 葡萄糖苷酶存在下，每分钟从对 – 硝基苯基 – β – 麦芽糖苷释放 1 μmol 对 – 硝基苯基所需要的酶量。

（4）干扰酶

市售热稳定 α – 淀粉酶、蛋白酶一般不易受到其他酶的干扰，蛋白酶制备时可能会混入极低含量的 β – 葡聚糖酶，但不会影响总膳食纤维测定。本法中淀粉葡萄糖苷酶易受污染，是活性易受干扰的酶。淀粉葡萄糖苷酶的主要污染物为内纤维素酶，能够导致燕麦或大麦中 β – 葡聚糖内部混合键解聚。淀粉葡萄糖苷酶是否受内纤维素酶的污染很容易检测。

1.6.2 判定标准

当酶的生产批次改变或最长使用间隔超过 6 个月时，应按表 2 – 1 所列标准物进行校准，以确保所使用的酶达到预期的活性，不受其他酶的干扰。

表 2-1 酶活性测定标准

底物标准	测试活性	标准质量/g	预期回收率
柑橘果胶	果胶酶	0.1~0.2	95%~100%
阿拉伯半乳聚糖	半纤维素酶	0.1~0.2	95%~100%
β-葡聚糖	β-葡聚糖酶	0.1~0.2	95%~100%
小麦淀粉	α-淀粉酶+淀粉葡萄糖苷酶	1.0	<1%
玉米淀粉	α-淀粉酶+淀粉葡萄糖苷酶	1.0	<1%
酪蛋白	蛋白酶	0.3	<1%

2 大豆膳食纤维理化性质的测定方法[2]

2.1 持水性

准确称取 1.0 g 膳食纤维粉于 100 mL 烧杯中，加入 70 mL 蒸馏水，搅拌 2 h后，3500 r/min 离心 30 min，去除上清液称质量，持水性按式（2.5）计算：

$$持水性（g/g）=\frac{湿质量（g）-干质量（g）}{样品干质量（g）}。\tag{2.5}$$

2.2 持油性

准确称取 1.0 g 膳食纤维粉于 100 mL 烧杯中，加入 70 mL 植物油，搅拌 2 h后，3500 r/min 离心 30 min，去除上清液称质量，持油性按式（2.6）计算：

$$持油性（g/g）=\frac{湿质量（g）-干质量（g）}{样品干质量（g）}。\tag{2.6}$$

2.3 膨胀性

准确称取 1.0 g 膳食纤维粉于具塞试管中，读取干膳食纤维体积（mL），加入 25 mL 蒸馏水振荡摇匀后在室温静置 24 h，读取膨胀后膳食纤维的体积，膨胀性按式（2.7）计算：

$$膨胀性（mL/g）=\frac{膨胀后膳食纤维体积（mL）-干膳食纤维体积（mL）}{膳食纤维质量（g）}。\tag{2.7}$$

2.4　溶解性

称取1.0 g膳食纤维粉于离心管中，料液比1∶10（m/V）加入蒸馏水，均匀混合后，室温下静置1 h，在3000 r/min离心10 min，收集上清液和残渣，分别干燥称质量，溶解性按式（2.8）计算：

$$\text{溶解性（\%）}=\frac{\text{干燥后上清液质量（g）}}{\text{样品干质量（g）}}\times 100。\tag{2.8}$$

2.5　膳食纤维对Pb^{2+}、As^{3+}、Cu^{2+}3种重金属离子吸附能力的测定

分别向100 mL重金属溶液$Pb(NO_3)_2$、$CuSO_4$、$NaAsO_2$（10 μmol/mL）中加入1.0 g膳食纤维粉，以模拟胃及肠道环境，分别调整pH至2.0和7.0，并于37 ℃条件下水浴振荡3 h（120 r/min），吸附反应结束后加入8 mL无水乙醇沉淀样品，于4000 r/min离心10 min，采用原子吸收分光光度法测定上清液中残留的重金属离子浓度，各膳食纤维对不同重金属离子吸附能力按式（2.9）计算：

$$\text{重金属离子吸附能力}(\mu mol/g)=\frac{(c_0-c_S)\times V}{m_\delta}。\tag{2.9}$$

式中：

c_0——初始上清液中各重金属离子浓度（mol/mL）；

c_S——吸附后上清液中各重金属离子浓度（mol/mL）；

V——溶液体积（mL）；

m_δ——膳食纤维的质量（g）。

2.6　膳食纤维α-淀粉酶活性抑制能力的测定

称取40 g马铃薯淀粉溶于900 mL 0.05 mol/L磷酸盐缓冲液（pH 6.5）中，65 ℃条件下搅拌30 min后定容至1000 mL，得到质量分数4%的马铃薯淀粉溶液。取1.0 g膳食纤维粉和4 mg α-淀粉酶加入到40 mL上述马铃薯淀粉溶液中，37 ℃水浴振荡1 h（120 r/min），4500 r/min离心20 min，以不加膳食纤维粉为空白组，采用还原糖法测定上清液中葡萄糖含量，膳食纤维对α-淀粉酶活性抑制能力按式（2.10）计算：

$$\alpha\text{-淀粉酶活性抑制能力}(\%)=\frac{A_C-A_S}{A_C}\times 100。\tag{2.10}$$

式中：

A_C——空白组的吸光度；

A_S——实验组（添加膳食纤维粉）的吸光度。

3 叶酸的测定方法[3]

3.1 适用范围

本方法适用于食品中叶酸的测定。

3.2 原理

叶酸是鼠李糖乳杆菌 *Lactobacillus casei spp. rhamnosus*（ATCC 7469）生长所必需的营养素，在一定控制条件下，将鼠李糖乳杆菌液接种至含有试样液的培养液中，培养一段时间后测定透光率（或吸度值），根据叶酸含量与透光率（或吸光度值）的标准曲线计算出试样中叶酸的含量。

3.3 试剂与材料

除非另有说明，本方法所用试剂均为分析纯，水应符合国家标准规定的二级水标准。

3.3.1 试剂

① 盐酸（HCl）。

② 氢氧化钠（NaOH）。

③ 氯化钠（NaCl）。

④ 十二水合磷酸钠（$Na_3HPO_4 \cdot 12H_2O$）。

⑤ 七水合磷酸氢二钠（$Na_2HPO_4 \cdot 7H_2O$）。

⑥ 磷酸氢二钾（K_2HPO_4）。

⑦ 三水合磷酸二氢钾（$KH_2PO_4 \cdot 3H_2O$）。

⑧ 七水合硫酸镁（$MgSO_4 \cdot 7H_2O$）。

⑨ 七水合硫酸亚铁（$FeSO_4 \cdot 7H_2O$）。

⑩ 一水合硫酸锰（$MnSO_4 \cdot H_2O$）。

⑪ 三水合乙酸钠（$CH_3COONa \cdot 3H_2O$）。

⑫ 葡萄糖（$C_6H_{12}O_6$）。

⑬ 抗坏血酸（$C_6H_8O_6$）。

⑭ 甲苯（C_7H_8）。

⑮ 无水乙醇（C_2H_6O）。

⑯ 鸡胰腺干粉：含 γ－谷胺酰基水解酶。

⑰ 木瓜蛋白酶：酶活力≥5 U/mg。

⑱ α－淀粉酶：酶活力≥1.5 U/mg。

⑲ 蛋白胨：含氮量≥10%。

⑳ 酵母提取物（干粉）：含氮量≥10%。

㉑ 琼脂。

3.3.2 试剂配制

① 磷酸缓冲液（0.05 mol/L，pH 6.8）：分别称取 4.35 g 十二水合磷酸钠和 10.39 g 七水合磷酸氢二钠，用水溶解并稀释至 1 L，混匀。加入 2 mL 甲苯，室温保存。临用前按大约 5 mg/mL 的比例加入抗坏血酸作为叶酸保护剂，加入量以 pH 达到 6.8 为宜。

② 乙醇溶液（20%，体积分数）：量取 200 mL 无水乙醇与 800 mL 水混匀。

③ 氢氧化钠乙醇溶液（0.01 mol/L）：称取 0.4 g 氢氧化钠，用乙醇溶液溶解并稀释至 1 L，混匀。

④ 氢氧化钠溶液（1 mol/L）：称取 40 g 氢氧化钠，加水溶解并稀释至 1 L，混匀。

⑤ 盐酸溶液（1 mol/L）：量取 83.3 mL 盐酸，用水稀释至 1 L，混匀。

⑥ 盐酸浸泡液：量取 100 mL 盐酸与 50 倍水混合。

⑦ 鸡胰腺溶液：称取 100 mg 鸡胰腺干粉，加入 20 mL 磷酸缓冲液，摇匀。现用现配。

⑧ 蛋白酶－淀粉酶液：分别称取 200 mg 木瓜蛋白酶和 α－淀粉酶，加入 20 mL 磷酸缓冲液研磨至匀浆，3000 r/min 离心 5 min。现用现配。

3.3.3 培养基

① 甲盐溶液：分别称取 25 g 磷酸氢二钾和 25 g 三水合磷酸二氢钾，加水溶解并稀释至 500 mL，混匀。加入 1 mL 甲苯，于 2～4 ℃冰箱可保存 1 年。

② 乙盐溶液：分别称取 10 g 七水合硫酸镁、0.5 g 氯化钠、0.5 g 七水合硫酸亚铁和 0.5 g 一水合硫酸锰，加水溶解并稀释至 500 mL。加 5 滴盐酸，于 2～4 ℃冰箱可保存 1 年。

③ 琼脂培养基：按表 2－2 称量或吸取各试剂，加水至 100 mL，混合，

沸水浴加热至琼脂完全溶化。趁热用 1 mol/L 盐酸溶液和 1 mol/L 氢氧化钠溶液调节 pH 至（6.8 ±0.1）。尽快分装，根据试管内径粗细加入 3 ~5 mL，液面高度不得低于 2 cm。塞上棉塞，121 ℃（0.10 MPa ~0.12 MPa）高压灭菌 15 min。试管取出后直立放置，待冷却后于冰箱内保存，备用。

表 2 -2　菌种储备用琼脂培养基配制一览

试剂	用量
葡萄糖/g	1.0
蛋白胨/g	0.8
酵母提取物干粉/g	0.2
三水合乙酸钠/g	1.7
甲盐溶液/mL	0.2
乙盐溶液/mL	0.2
琼脂/g	1.2

④ 叶酸测定用培养液：可按 3.9 配制叶酸测定用培养液，也可直接由试剂公司购买效力相当的叶酸测定用培养基，用前按说明书配制。

3.3.4　标准品

叶酸标准品（$C_{19}H_{19}N_7O_6$）：纯度≥99%。

3.3.5　标准溶液的配制

① 叶酸标准储备液（20.0 μg/mL）：精确称取 20.0 mg 叶酸标准品，用氢氧化钠乙醇溶液溶解并转移至 1000 mL 容量瓶中，定容至刻度。

② 叶酸标准储备液浓度标定：准确吸取 1.0 mL 标准储备液至 5 mL 容量瓶中，用氢氧化钠溶液定容至刻度。用紫外可见分光光度计，于比色杯厚度 1 cm、波长 256 nm 条件下，以氢氧化钠乙醇溶液调零点，测定 3 次标准溶液吸光度值，取平均值按式（2.11）计算叶酸标准储备液浓度：

$$c_1 = \frac{\overline{A}}{E} \times M \times 5 \times 1000。\tag{2.11}$$

式中：

c_1——标准储备液中叶酸浓度，单位为 μg/mL；

$\overline{A}$——平均吸光度值；

E——摩尔消光系数，数值为 24 500；

M——叶酸相对分子质量，数值为 441.42；

5——稀释倍数；

1000——由 g/L 换算为 mL/μg 的换算系数。

标定好的叶酸标准储备液储存于棕色瓶中，于 2 ~ 4 ℃ 冰箱中可保存两年。

③ 叶酸标准中间液（0.200 μg/mL）：准确吸取 1.00 mL 叶酸标准储备液置于 100 mL 棕色容量瓶中，用氢氧化钠乙醇溶液稀释并定容至刻度，混匀后储存于瓶中 2 ~ 4 ℃ 冰箱可保存 1 年。

④ 叶酸标准工作液（0.200 ng/mL）：准确吸取 1.00 mL 叶酸标准中间液置于 1000 mL 容量瓶中，用水稀释定容至刻度，混匀。现用现配。

3.4　仪器和设备

① 天平：感量为 0.1 mg 和 1 mg。

② 恒温培养箱：(37 ± 1) ℃。

③ 压力蒸汽消毒器：121 ℃（0.10 MPa ~ 0.12 MPa）。

④ 涡旋振荡器。

⑤ 离心机：转速 3000 r/min。

⑥ 接种环。

⑦ pH 计：精度为 ±0.1。

⑧ 紫外可见分光光度计。

⑨ 超净工作台。

⑩ 超声波振荡器。

3.5　菌种的制备与保存

3.5.1　菌种

鼠李糖乳杆菌 *Lactobacillus casei spp. rhamnosus*（ATCC 7469）。

3.5.2　储备菌种的制备

将菌种鼠李糖乳杆菌转接至琼脂培养基中，在（37 ± 1）℃ 恒温培养箱中培养 20 ~ 24 h，连续传种 2 ~ 3 代。取出后放入 2 ~ 4 ℃ 冰箱中作为储备菌株保存。每月至少传代 1 次，可传 30 代。

实验前将储备菌株接种至琼脂培养基中，在（37 ± 1）℃ 恒温培养箱中培养 20 ~ 24 h 以活化菌株，用于接种液的制备。

注：保存数周以上的储备菌种，不能立即用作接种液制备，实验前宜连续传种 2 ~ 3 代以保证细菌活力。

3.5.3 接种液的制备

试验前一天，取 2 mL 叶酸标准工作液与 4 mL 叶酸测定用培养液混匀，分装至两支 5 mL 离心管中，塞上棉塞，于 121 ℃（0.10 MPa ~ 0.12 MPa）高压灭菌 15 min 后即为种子培养液。冷却后用接种环将活化的菌株转种至两支种子培养液中，于（37 ± 1）℃恒温培养箱中培养 20 ~ 24 h。取出后将种子培养液混悬，无菌操作下用无菌注射器吸取 0.5 mL 转种至另两支已消毒但不含叶酸的培养液中，于（37 ± 1）℃再培养 6 h。振荡混匀，制成接种液，立即使用。

3.6 分析步骤（所有操作均需避光进行）

3.6.1 试样制备

谷薯类、豆类、乳粉等试样需粉碎、研磨、过筛（筛板孔径 0.3 ~ 0.5 mm）；肉、蛋、坚果等用匀质器制成食糜；果蔬、半固体食品等试样需匀浆混匀；液体试样用前振摇混合。于 4 ℃冰箱可保存 1 周。

3.6.2 试样提取

（1）直接提取法

形态为颗粒、粉末、片剂、液体的营养素补充剂或强化剂、预混料；以饮料为基质或叶酸添加量 > 100 μg/100 g 的食品可采用直接提取法。

准确称取固体试样 0.1 ~ 0.5 g 或液体试样 0.5 ~ 2 g，精确至 0.001 g，转入 100 mL 锥形瓶中，加入 80 mL 氢氧化钠乙醇溶液，具塞，超声振荡 2 ~ 4 h 至试样完全溶解或分散，用水定容至刻度。

（2）酶解提取法

谷薯类、肉蛋乳类、果蔬菌藻类、豆及坚果类等食品试样宜采用酶解提取法。

准确称取适量试样（含 0.2 ~ 2 μg 叶酸），精确至 0.001 g。一般谷薯类、肉类、乳类、新鲜果蔬、菌藻类试样 2 ~ 5 g；蛋类、豆及坚果类、内脏干制试样 0.2 ~ 2 g；流质或半流质试样 5 ~ 10 g。转入 100 mL 锥形瓶中，加 30 mL 磷酸缓冲液，振摇 5 min 后，具塞，于 121 ℃（0.10 MPa ~ 0.12 MPa）高压水解 15 min。

试样取出后冷却至室温，加入 1 mL 鸡胰腺溶液；含有蛋白质、淀粉的试样需另加入 1 mL 蛋白酶 – 淀粉酶液，混合。加入 3 ~ 5 滴甲苯后，置于（37 ± 1）℃恒温培养箱内酶解 16 ~ 20 h，取出后转入 100 mL 容量瓶，加水定容至刻度，过滤。

另取1只锥形瓶，同试样操作，定容至100 mL，过滤。作为酶空白液。

注：以谷物、乳粉等为基质的配方食品如需计量基质本底叶酸含量，可采用酶解法提取。

3.6.3 稀释

根据试样中叶酸含量用水对试样提取液进行适当稀释，使试样稀释液中叶酸含量在0.2～0.6 ng/mL范围内。

3.6.4 测定系列管制备

所用试管使用前洗刷干净，沸水浴30 min，沥干后放入盐酸浸泡液中浸泡2 h，经（170±2）℃烘干3 h后使用。

（1）试样和酶空白系列管

取3支试管，分别加入0.5 mL、1.0 mL、2.0 mL试样稀释液（V_x），补水至5.0 mL。加入5.0 mL叶酸测定用培养液，混匀。另取3支试管同法加入酶空白液。

（2）标准系列管

取试管分别加入叶酸标准工作溶液0 mL、0.25 mL、0.50 mL、1.00 mL、1.50 mL、2.00 mL、2.50 mL、3.00 mL、4.00 mL和5.00 mL，补水至5.00 mL，相当于标准系列管中叶酸含量为0 ng、0.05 ng、0.10 ng、0.20 ng、0.30 ng、0.40 ng、0.50 ng、0.60 ng、0.80 ng、1.00 ng，再加入5.0 mL叶酸测定用培养液，混匀。为保证标准曲线的线性关系，应制备2～3套标准系列管，绘制标准曲线时，以每个标准点平均值计算。

3.6.5 灭菌

将所有测定系列管塞好棉塞，于121 ℃（0.10 MPa～0.12 MPa）高压灭菌15 min。

3.6.6 接种和培养

待测定系列管冷却至室温后，在无菌操作条件下，用预先高压灭菌的移液管向每支测定管加接种液20 μL，混匀。塞好棉塞，置于（37±1）℃恒温培养箱中培养20～40 h，直至获得最大混浊度，即再培养2 h透光率（或吸光度值）无明显变化。另准备一支标准0管（含0 ng叶酸）不接种作为0对照管。

3.6.7 测定

将培养好的标准系列管、试样和酶空白系列管用漩涡混匀器混匀。用厚度为 1 cm 比色杯，于 540 nm 处，以未接种 0 对照管调节透光率为 100%（或吸光度值为 0），依次测定标准系列管、试样和酶空白系列管的透光率（或吸光度值）。如果 0 对照管有明显的细菌增长；或与 0 对照管相比，标准 0 管透光率在 90% 以下（或吸光度值在 0.1 以上），或标准系列管透光率最大变化量 <40%（或吸光度值最大变化量 <0.4），说明可能有杂菌或不明来源叶酸混入，需重做实验。

注：叶酸测定适宜的光谱范围 540 ~ 610 nm。

3.6.8 分析结果表述

① 标准曲线：以标准系列管叶酸含量为横坐标，每个标准点透光率（或吸光度值）均值为纵坐标，绘制标准曲线。

② 试样结果计算：从标准曲线查得试样或酶空白系列管中叶酸的相应含量（c_x），如果 3 支试样系列管中有 2 支叶酸含量在 0.10 ~ 0.80 ng 范围内，且各管之间折合为每毫升试样提取液中叶酸含量的偏差小于 10%，则可继续按下列公式进行结果计算，否则需重新取样测定。

试样稀释液叶酸浓度按式（2.12）计算：

$$c = \frac{c_x}{V_x} 。 \tag{2.12}$$

式中：

c——试样稀释液中叶酸浓度，单位为 ng/mL；

c_x——从标准曲线上查得试样系列管中叶酸含量，单位为 ng；

V_x——制备试样系列管时吸取的试样稀释液体积，单位为 mL。

采用直接提取法的试样叶酸含量按式（2.13）计算：

$$X = \frac{\bar{c} \times V \times f}{m} \times \frac{100}{1000} 。 \tag{2.13}$$

式中：

X——试样中叶酸含量，单位为 μg/100 g；

$\bar{c}$——试样稀释液叶酸浓度平均值，单位为 ng/mL；

V——试样提取液定容体积，单位为 mL；

f——试样提取液稀释倍数；

m——试样质量，单位为 g；

$\frac{100}{1000}$——由 ng/g 换算为 μg/100 g 的系数。

采用酶解提取法的试样叶酸含量按式（2.14）计算：

$$X = \frac{(\bar{c} \times f - \bar{c}_0) \times V}{m} \times \frac{100}{1000}。\quad (2.14)$$

式中：

X——试样中叶酸含量，单位为 μg/100 g；

$\bar{c}$——试样稀释液中叶酸浓度平均值，单位为 ng/mL；

f——试样提取液稀释倍数；

$\bar{c}_0$——酶空白液中叶酸浓度平均值，单位为 ng/mL；

V——试样提取液定容体积，单位为 mL；

m——试样质量，单位为 g；

$\frac{100}{1000}$——由 ng/g 换算为 μg/100 g 的系数。

注：液体试样叶酸含量也可以 μg/100 mL 为单位。

以重复性条件下获得的两次独立测定结果的算术平均值表示，结果保留 3 位有效数字。

3.7 精密度

一般食品在重复性条件下获得的两次独立测定结果的绝对差值不得超过算术平均值的 15%；营养素补充剂和强化食品在重复性条件下获得的两次独立测定结果的绝对差值不得超过算术平均值的 5%。

3.8 其他

果蔬类试样称样量为 5 g 时，检出限为 0.2 μg/100 g，定量限为 0.4 μg/100 g；蛋白质、淀粉含量高的试样称样量为 5 g 时，检出限为 1.0 μg/100 g，定量限为 2.0 μg/100 g；营养强化剂和强化食品称样量为 1 g 时，检出限为 0.5 μg/100 g，定量限为 1.0 μg/100 g。

3.9 叶酸测定用培养液的配制方法

3.9.1 试剂

① 无水乙醇（C_2H_6O）。

② 碳酸氢钠（$NaHCO_3$）。

③ 盐酸（HCl）。

④ 氢氧化钠（NaOH）。

⑤ 甲苯（C_7H_8）。

⑥ 冰乙酸（$C_2H_4O_2$）。

⑦ 活性炭：粒度为0.05～0.074 mm。

⑧ 硫酸腺嘌呤（$C_{10}H_{10}N_{10} \cdot H_2SO_4$）。

⑨ 盐酸鸟嘌呤（$C_5H_5N_5O_5 \cdot HCl$）。

⑩ 尿嘧啶（$C_4H_4N_2O_2$）。

⑪ 黄嘌呤（$C_5H_4N_4O_2$）。

⑫ 氨水（$NH_3 \cdot H_2O$）。

⑬ 三水合乙酸钠（$C_2H_3O_2Na \cdot 3H_2O$）。

⑭ 核黄素（$C_{17}H_{20}N_4O_6$）。

⑮ 生物素（$C_{10}H_{16}N_2O_3S$）。

⑯ 对氨基苯甲酸（$C_7H_7NO_2$）。

⑰ 盐酸吡哆醇（$C_8H_{11}NO_3 \cdot HCl$）。

⑱ 盐酸硫胺素（$C_{12}H_{17}ClN_4OS \cdot HCl$）。

⑲ 泛酸钙（$C_{18}H_{32}CaN_2O_{10}$）。

⑳ 烟酸（$C_6H_5NO_2$）。

㉑ 聚山梨酯-80（吐温-80）。

㉒ 还原型谷胱甘肽（$C_{10}H_{17}N_3O_6S$）。

㉓ *L*-天冬氨酸（$C_4H_7NO_4$）。

㉔ *L*-色氨酸（$C_{11}H_{12}N_2O_2$）。

㉕ *L*-盐酸半胱氨酸（$C_3H_7NO_2S \cdot HCl$）。

㉖ 无水葡萄糖（$C_6H_{12}O_6$）。

㉗ 去维生素酪蛋白（vitamin-free casein）。

3.9.2 试剂配制

① 氢氧化钠溶液（10 mol/L）：称取40 g氢氧化钠，用100 mL水溶液。

② 氢氧化钠溶液（1 mol/L）：称取4 g氢氧化钠，用100 mL水溶液。

③ 酪蛋白液：称取50 g去维生素酪蛋白于500 mL烧杯中，加200 mL盐酸溶液，于121 ℃（0.10 MPa～0.12 MPa）高压水解6 h。将水解物转移至蒸发皿内，在沸水浴上蒸发至膏状。加200 mL水使之溶解后再蒸发至膏状，如此反复3次，以除去盐酸。用10 mol/L氢氧化钠调节pH至（3.5±0.1）。加20 g活性炭，振摇约20 min，过滤。重复活性炭处理直至滤液呈淡黄色或无色。滤液加水稀释至1000 mL，加1～3 mL甲苯，于2～4 ℃冰箱中可保存1年。

注：每次蒸发时不可蒸干或焦煳，以避免所含营养素破坏。也可直接购买效力相当的酸水解去维生素酪蛋白。

④ 腺嘌呤－鸟嘌呤－尿嘧啶溶液。分别称取硫酸腺嘌呤、盐酸鸟嘌呤及尿嘧啶各0.1 g于250 mL烧杯中，加75 mL水和2 mL盐酸，加热使其完全溶解后冷却。若有沉淀产生，再加盐酸数滴，加热，如此反复直至冷却后无沉淀产生为止，加水至100 mL。加3～5滴甲苯，储存于棕色试剂瓶中，于2～4 ℃冰箱中可保存1年。

⑤ 黄嘌呤（$C_5H_4N_2O_2$）溶液：称取0.4 g黄嘌呤，加10 mL氨水，加热溶解，加水至100 mL。加3～5滴甲苯，贮存于棕色试剂瓶中，于2～4 ℃冰箱中可保存1年。

⑥ 乙酸缓冲液（1.6 mol/L，pH 4.5）：称取63 g三水合乙酸钠，用200 mL水溶解，加约20 mL冰乙酸至pH为（4.5 ±0.1），混合后，用水稀释至500 mL。

⑦ 维生素液：称取100 mg核黄素用400 mL乙酸缓冲液溶解。取25 mg碳酸氢钠溶解于500 mL水中，加入2 mg生物素，200 mg对氨基苯甲酸，400 mg盐酸吡哆醇，40 mg盐酸硫胺素，80 mg泛酸钙，80 mg烟酸溶解。将上述两种溶液混合，加水至1000 mL。加3～5滴甲苯，储存于棕色试剂瓶中，于2～4 ℃冰箱中可保存1年。

⑧ 聚山梨酯－80（吐温－80）：将10 g聚山梨酯－80溶于无水乙醇中并稀释至100 mL，于2～4 ℃冰箱中可保存。

⑨ 还原型谷胱甘肽（$C_{10}H_{17}N_3O_6S$）溶解：称取0.1 g还原型谷胱甘肽，加100 mL水溶解，储于棕色瓶中，现用现配。

⑩ 磷酸缓冲液（0.05 mol/L，pH 6.8）：按3.3.2①配制。

⑪ 盐酸溶液（1 mol/L）：按3.3.2⑤配制。

⑫ 甲盐溶液：按3.3.3①配制。

⑬ 乙盐溶液：按3.3.3②配制。

3.9.3 叶酸测定用培养液

配制1000 mL叶酸测定用培养液，按表2－3吸取液体试剂，混合后加水300 mL，依次加入固体试剂，煮沸搅拌2 min。用1 mol/L氢氧化钠溶液、1 mol/L盐酸溶解调节pH至（6.8 ±0.1）；加入乙盐溶液20 mL，用磷酸缓冲液补至1000 mL。配制时可根据用量按比例增减，现用现配。

表 2－3　叶酸测定用培养液配制一览

试剂	用量
液体试剂	
酪蛋白液/mL	200
腺嘌呤－鸟嘌呤－尿嘧啶溶液/mL	20
黄嘌呤溶液/（mol/L）	5
维生素液/mL	10
聚山梨酯－80 溶液/mL	1
甲盐溶液/mL	20
还原型谷胱甘肽溶液/mL	5
固体试剂	
L－天冬氨酸/g	0.6
L－色氨酸/g	0.4
L－盐酸半胱氨酸/g	0.4
无水葡萄糖/g	40
三水合乙酸钠/g	40

4　大豆肽相对分子质量分布的测定方法[4]

4.1　适用范围

本方法适用于以大豆粉或大豆蛋白等为原料，生产的食用大豆肽粉商品。

4.2　原理

采用高效凝胶过滤色谱法测定。即以多孔性填料为固定相，依据样品组分相对分子质量大小的差别进行分离，在肽键的紫外吸收波长 220 nm 条件下检测，使用凝胶色谱法测定相对分子质量分布的专用数据处理软件（即 GPC 软件），对色谱图及其数据进行处理，计算得到大豆肽的相对分子质量大小及分布范围。

4.3　试剂

实验用水应符合国家标准规定的一级水标准。使用试剂除特殊规定外，均为分析纯。

4.3.1　乙腈

色谱纯。

4.3.2　三氟乙酸

色谱纯。

4.3.3　相对分子质量分布校正曲线所用标准品

① 胰岛素。

② 杆菌肽。

③ 甘氨酸－甘氨酸－酪氨酸－精氨酸。

④ 甘氨酸－甘氨酸－甘氨酸。

4.4　仪器和设备

① 高效液相色谱仪：配有紫外检测器和含有GPC数据处理软件的色谱工作站或积分仪。

② 流动相真空抽滤脱气装置。

③ 电子天平：分度值0.0001 g。

4.5　操作步骤

4.5.1　色谱条件与系统适应性实验（参考条件）

① 色谱柱：TSKgel G 2000SW_{XL} 300 mm×7.8 mm（内径）或性能与此相近的同类型其他适用于测定蛋白质和肽的凝胶柱。

② 流动相：乙腈＋水＋三氟乙酸＝20＋80＋0.1。

③ 检测波长：220 nm。

④ 流速：0.5 mL/min。

⑤ 检测时间：30 min。

⑥ 进样体积：20 μL。

⑦ 柱温：室温。

⑧ 为使色谱系统符合检测要求，规定在上述色谱条件下，凝胶色谱柱效即理论塔板数（N）按三肽标准品（甘氨酸－甘氨酸－甘氨酸）峰计算不低于10 000。

4.5.2　相对分子质量标准曲线制作

分别用流动相配制成质量浓度为1 mg/mL的上述不同相对分子质量肽标

准品溶液，按一定比例混合后，用孔径 0.2～0.5 μm 有机相膜过滤后进样，得到标准品的色谱图。以相对分子质量的对数对保留时间作图或作线性回归得到相对分子质量校正曲线及其方程。

4.5.3 样品处理

准确称取样品 10 mg 于 10 mL 容量瓶中，加入少许流动相，超声振荡 10 min，使样品充分溶解混匀，加流动相稀释至刻度，用孔径 0.2～0.5 μm 有机相膜过滤，滤液按 4.5.1 的色谱条件进行分析。

4.6 相对分子质量分布的计算

将 4.5.3 制备的样品溶液在 4.5.1 色谱条件下分析后，用 GPC 数据处理软件，将样品的色谱数据代入校正曲线 4.5.2 中进行计算，即可得到样品的相对分子质量及其分布范围，用峰面积归一法可计算得到不同肽段相对分子质量的分布情况，按式（2.15）进行计算：

$$X = \frac{A}{A_{总}} \times 100。 \quad (2.15)$$

式中：

X——试样中某相对分子质量肽段所占总肽段的质量分数，%；

A——某相对分子质量肽段的峰面积；

$A_{总}$——各相对分子质量肽段的峰面积之和，$A_{总} = \sum_{i=1}^{n} A_i$（其中 n 表示样品相对分子质量段数）。

计算结果保留小数点后一位。

4.7 重复性

在重复性条件下获得的两次独立测定结果的绝对差值不得超过两次测定结果算术平均值的 15%。

5 大豆肽含量的测定方法[4]

5.1 适用范围

本方法适用于以大豆粉或大豆蛋白等为原料，生产的食用大豆肽粉商品。

5.2　原理

高分子蛋白质在酸性条件下易被沉淀，相对分子质量较小的蛋白质水解物（酸溶蛋白质）可溶于酸性溶液（其中包含肽及游离氨基酸）。样品经酸化后，滤液中的酸溶蛋白质含量减去游离氨基酸含量即为肽含量。

5.3　试剂

实验用水应符合国家标准规定的二级水标准。使用试剂除特殊规定外，均为分析纯。

① 三氯乙酸：150 g/L。

② 五水硫酸铜（$CuSO_4 \cdot 5H_2O$）。

③ 硫酸钾。

④ 硫酸：密度为 1.8419 g/L。

⑤ 硼酸溶液：20 g/L。

⑥ 氢氧化钠溶液：400 g/L。

⑦ 盐酸：优级纯。

⑧ 硫酸标准滴定溶液 [c（1/2 H_2SO_4）=0.0500 mol/L] 或盐酸标准滴定溶液 [c（HCl）=0.0500 mol/L]。

⑨ 混合指示液：1 份 1 g/L 甲基红乙醇溶液与 5 份 1 g/L 溴甲酚绿乙醇溶液临用时混合。或 2 份 1 g/L 甲基红乙醇溶液与 1 份 1 g/L 亚甲基蓝乙醇溶液临用时混合。

⑩ 混合氨基酸标准液：0.0025 mol/L。

⑪ pH 2.2 的枸橼酸钠缓冲液：称取 19.6 g 二水合枸橼酸钠（$Na_3C_6H_5O_7 \cdot 2H_2O$），加入 16.5 mL 浓盐酸并加水稀释到 1000 mL，用浓盐酸或 500 g/L 的氢氧化钠溶液调节 pH 至 2.2。

⑫ pH 3.3 的枸橼酸钠缓冲液：称取 19.6 g 枸橼酸钠，加入 12 mL 浓盐酸并加水稀释到 1000 mL，用浓盐酸或 500 g/L 的氢氧化钠溶液调节 pH 至 3.3。

⑬ pH 4.0 的枸橼酸钠缓冲液：称取 19.6 g 枸橼酸钠，加入 9 mL 浓盐酸并加水稀释到 1000 mL，用浓盐酸或 500 g/L 的氢氧化钠溶液调节 pH 至 4.0。

⑭ pH 6.4 的枸橼酸钠缓冲液：称取 19.6 g 枸橼酸钠和 46.8 g 氯化钠（优级纯），加水稀释到 1000 mL，用浓盐酸或 500 g/L 的氢氧化钠溶液调节 pH 至 6.4。

⑮ pH 5.2 的乙酸锂溶液：称取水合氢氧化锂（$LiOH \cdot H_2O$）168 g，加入冰乙酸（优级纯）279 mL，加水稀释到1000 mL，用浓盐酸或500 g/L 的氢氧化钠溶液调节 pH 至5.2。

⑯ 茚三酮溶液：取150 mL 二甲基亚砜（C_2H_5OS）和50 mL 乙酸锂溶液，加入4 g 水合茚三酮（$C_9H_4O_3 \cdot H_2O$）和0.12 g 还原茚三酮二水合物（$C_{18}H_{10}O_5 \cdot 2H_2O$）搅拌至完全溶解。

5.4 仪器与设备

① 氨基酸自动分析仪。

② 定氮蒸馏装置如图2－1所示。

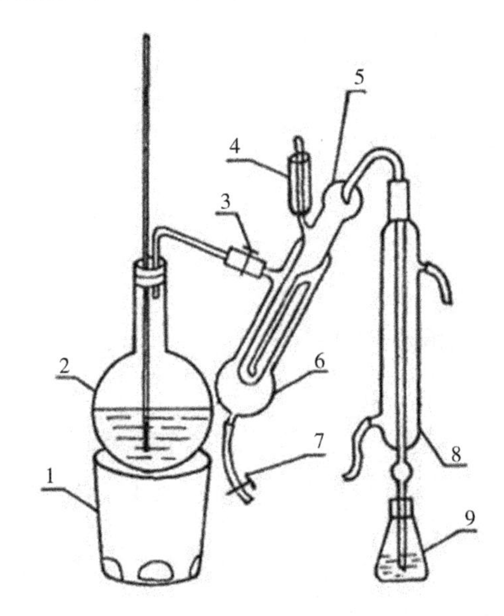

1—电炉；2—水蒸气发生器（2 L 平底烧瓶）；3—螺旋夹；4—小漏斗及棒状玻塞；5—反应室；6—反应室外层；7—橡皮管及螺旋夹；8—冷凝管；9—蒸馏液接收瓶。

图2－1 定氮蒸馏装置

5.5 操作步骤

5.5.1 酸溶蛋白质含量的测定

① 准确称取样品1.000 g（精确至0.001 g），加入15%三氯乙酸（TCA）溶液溶解并定容至50 mL，混匀并静置5 min，过滤，去除初滤液，滤液作为备用液。

② 吸取10.00～25.00 mL 滤液，移入干燥的100 mL 或500 mL 定氮瓶中，

加入0.2 g硫酸铜，6 g硫酸钾及20 mL硫酸，稍摇匀后于瓶口放一小漏斗，将瓶以45度角斜支于有小孔的石棉网上。小心加热，待内容物全部炭化，泡沫完全停止后，加强火力，并保持瓶内液体微沸，至液体呈蓝绿色澄清透明后，再继续加热0.5~1 h。取下放冷，小心加20 mL水。放冷后，移入100 mL容量瓶中，并用少量水洗定氮瓶，洗液并入容量瓶中，再加水至刻度，混匀备用。同时做试剂空白试验。

③ 测定：按图2-1装好定氮蒸馏装置，于水蒸气发生瓶内装水至2/3处，加入数粒玻璃珠，加甲基红指示液数滴及数毫升硫酸，以保持水呈酸性，用调压器控制，加热煮沸水蒸气发生瓶内的水。

④ 向接收瓶内加入10 mL硼酸溶液（20 g/L）及1~2滴混合指示液，并使冷凝管的下端插入液面下，准确吸取10 mL试样处理液由小漏斗流入反应室，并以10 mL水洗涤小烧杯使流入反应室，立即将玻塞盖紧，并加水于小玻杯以防漏气。夹紧螺旋夹，开始蒸馏。蒸馏5 min。移动接收瓶，使液面离开冷凝管下端，再蒸馏1 min。然后用少量水冲洗冷凝管下端外部。取下接收瓶，滴加指示剂，以硫酸或盐酸标准滴定溶液（0.05 mol/L）滴定至灰色或蓝紫色为终点。同时准确吸取10 mL试剂空白消化液按同样步骤操作。

⑤ 试样中蛋白质的含量按式（2.16）进行计算：

$$X_1 = \frac{(V_1 - V_2) \times c \times 0.0140}{m \times 10/100} \times F \times 100 \tag{2.16}$$

式中：

X_1——试样中蛋白质的含量，单位为g/100 g；

V_1——试样消耗硫酸或盐酸标准滴定液的体积，单位为mL；

V_2——试样空白消耗硫酸或盐酸标准滴定液的体积，单位为mL；

c——硫酸或盐酸标准滴定溶液浓度，单位为mol/L；

0.0140——1.0 mL硫酸［c（1/2 H_2SO_4）=0.0500 mol/L］或盐酸［c（HCl）=0.0500 mol/L］标准滴定溶液相当的氮的质量，单位为g；

m——试样的质量或体积，单位为g或mL；

F——氮换算为蛋白质的系数，取6.25。

计算结果保留3位有效数字。

⑥ 重复性：在重复性条件下获得的两次独立测定结果的绝对差值不得超过两次测定结果算术平均值的10%。

5.5.2　游离氨基酸含量的测定

① 准确称取样品（使试样游离氨基酸含量在10~20 mg范围内），用pH

为2.2的缓冲液溶解，定容至50 mL，供仪器测定用。

② 准确吸取0.200 mL混合氨基酸标准溶液，用pH 2.2的缓冲液稀释到5 mL，此标准稀释液浓度为5.00 nmol/50 μL，作为上机测定用的氨基酸标准，用氨基酸自动分析仪以外标法测定试样测定液的氨基酸含量。

③ 结果按式（2.17）计算：

$$X_2 = \frac{c \times \frac{1}{50} \times F \times V \times M}{m \times 10^9} \times 100。 \quad (2.17)$$

式中：

X_2——试样氨基酸的含量，单位为g/100 g；

c——试样测定液中氨基酸含量，单位为nmol/50 μL；

F——试样稀释倍数；

V——试样定容体积，单位为mL；

M——氨基酸相对分子质量；

m——试样质量，单位为g；

$\frac{1}{50}$——折算成每毫升试样测定的氨基酸含量，单位为μmol/L；

10^9——将试样含量由ng折算成g的系数。

16种氨基酸相对分子质量：天冬氨酸，133.1；苏氨酸，119.1；丝氨酸，105.1；谷氨酸，147.1；脯氨酸，115.1；甘氨酸，75.1；丙氨酸，89.1；缬氨酸，117.2；蛋氨酸，149.2；异亮氨酸，131.2；亮氨酸，131.2；酪氨酸，181.2；苯丙氨酸，165.2；组氨酸，155.2；赖氨酸，146.2；精氨酸，174.2。

计算结果表示为：试样氨基酸含量在1.00 g/100 g以下，保留2位有效数字；含量在1.00 g/100 g以上，保留3位有效数字。

④ 精密度：在重复性条件下获得的两次独立测定结果的绝对差值不得超过算术平均值的12%。

⑤ 氨基酸分析仪得到的色谱如图2－2所示。各种氨基酸的出峰顺序和保留时间如表2－4所示。

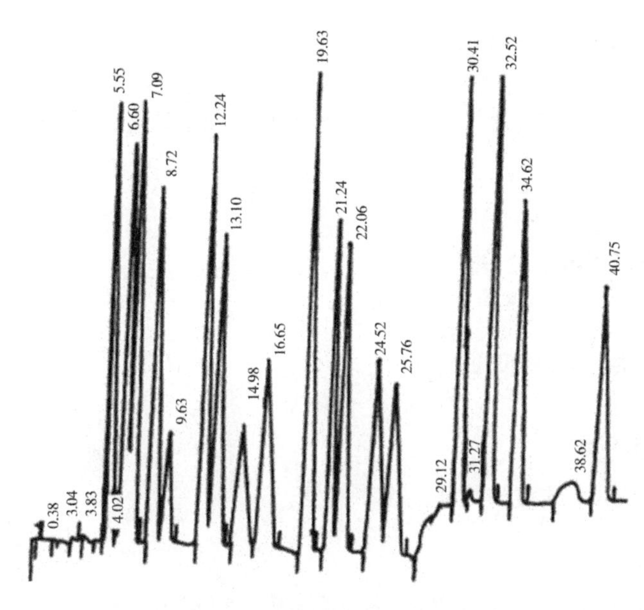

图 2－2　氨基酸分析仪色谱

表 2－4　氨基酸出峰顺序和保留时间

出峰顺序		保留时间/min	出峰顺序		保留时间/min
1	天冬氨酸	5.55	9	蛋氨酸	19.63
2	苏氨酸	6.60	10	异亮氨酸	21.24
3	丝氨酸	7.09	11	亮氨酸	22.06
4	谷氨酸	8.72	12	酪氨酸	24.52
5	脯氨酸	9.63	13	苯丙氨酸	25.76
6	甘氨酸	12.24	14	组氨酸	30.41
7	丙氨酸	13.10	15	赖氨酸	32.57
8	缬氨酸	16.65	16	精氨酸	40.75

5.6　结果计算

试样中多肽含量按式（2.18）计算。

$$X = X_1 - X_2 \quad (2.18)$$

式中：

X——试样中多肽的含量，单位为 g/100 g；

X_1——试样中酸溶蛋白质的含量，单位为 g/100 g；

X_2——试样中游离氨基酸的含量，单位为 g/100 g。

5.7 重复性

在重复性条件下获得的两次独立测定结果的绝对差值不得超过两次测定结果算术平均值的 12%。

6 核酸含量的测定方法

6.1 第一法 紫外吸收法[5]

6.1.1 适用范围

本方法适用于核酸类物质的定量测定。

6.1.2 原理

核酸的组成成分中含有嘌呤、嘧啶碱基，嘌呤碱基和嘧啶碱基有吸收紫外线（UV）的性质，其吸收高峰在 260 nm 波长处。核酸的摩尔消光系数（或称吸收系数）用 ε（P）来表示。ε（P）为每升溶液中含有 1 g 核酸磷的光吸收值（即 A 值）。测得未知浓度核酸溶液在 260 nm 处 A 值，即可计算出其中 RNA 或 DNA 的含量，如表 2-5 所示。该法操作简便、迅速，并对被测样品无损，用量也少。

表 2-5 核酸摩尔消光系数

试剂	ε（P）/(pH 7，260 nm)	含磷量	A_{260}/(1μg/mL)
RNA	7700～7800	9.5%	0.022～0.024
DNA-Na 盐（小牛胸腺）	6600	9.2%	0.020

蛋白质也能吸收紫外光，蛋白质的吸收高峰在 280 nm 波长处，在 260 nm 处的吸收值仅为核酸的 1/10 或更低，因此，对于含有微量蛋白质的核酸样品，测定误差较小。

RNA 在 260 nm 与 280 nm 吸收的比值在 2.0 以上，DNA 在 260 nm 与 280 nm 吸收的比值则在 1.9 左右，当样品中蛋白质含量较高时，比值下降，若样品内混有大量的蛋白质和核苷酸等吸收紫外光的物质时，要在前处理时除去。

6.1.3 试剂和仪器

（1）试剂

① 钼酸铵-过氯酸沉淀剂：取 3.6 mL 70% 过氯酸和 0.25 g 钼酸铵溶于

96.4 mL蒸馏水中，即成0.25%钼酸铵－2.5%过氯酸溶液。

② 5%～6%氨水：用25%～30%氨水稀释5倍。

（2）仪器

① 分析天平。

② 离心管。

③ 离心机。

④ 紫外分光光度计。

⑤ 容量瓶（50 mL）。

6.1.4 操作步骤

准确称取核酸类样品若干，先用少量0.01 mol/L NaOH溶解，再加适量水，用5%～6%氨水调至pH 7.0，最后加水配制成每毫升含5～50 μg核酸的溶液，以蒸馏水为对照，于紫外分光光度计上测定260 nm波长处的光吸收值。

6.1.5 结果计算

① 核酸浓度按式（2.19）和式（2.20）计算：

$$\text{RNA 浓度（μg/mL）} = \frac{A_{260}}{0.024 \times L} \times N。 \tag{2.19}$$

$$\text{DNA 浓度（μg/mL）} = \frac{A_{260}}{0.020 \times L} \times N。 \tag{2.20}$$

式中：

A_{260}——260 nm波长处光吸收计数；

L——比色皿的厚度，1 cm；

N——稀释倍数；

0.024——每毫升溶液中含1 μg RNA的A值；

0.020——每毫升溶液中含1 μg DNA的A值。

② 如果样品中含有大分子核酸，则采用以下方法和式（2.21）、式（2.22）计算。

a. 准确称取待测的核酸样品0.5 g，加少量0.01 mol/L NaOH调成糊状，再加适量水。用5%～6%氨水调至pH 7.0，定容至50 mL。

b. 取两支离心管，甲管加入2.0 mL样品溶液和2.0 mL蒸馏水，乙管加入2.0 mL样品溶液和2.0 mL过氯酸－钼酸铵沉淀剂，摇匀后置冰浴中30 min，于3000 r/min离心10 min，从甲、乙两管中分别吸取上清液0.5 mL，用蒸馏水定容至50 mL。以蒸馏水为对照测定260 nm波长处的光吸收值。

$$\text{RNA 浓度}\ (\mu g/mL) = \frac{A_{260甲} - A_{260乙}}{0.024 \times L} \times N。 \tag{2.21}$$

$$\text{DNA 浓度}\ (\mu g/mL) = \frac{A_{260甲} - A_{260乙}}{0.020 \times L} \times N。 \tag{2.22}$$

6.2 第二法 定磷法[6]

6.2.1 适用范围

本方法适用于核酸类物质的定量测定。

6.2.2 原理

核酸分子中含有一定比例的磷，RNA中含磷量为9.0%，DNA中含磷量为9.2%，通过测定核酸中磷的量，即可求得核酸的量。

强酸可使核酸分子中的有机磷消化成为无机磷，与钼酸铵结合成磷钼酸铵（黄色沉淀）。当有还原剂存在时，磷钼酸立即转变蓝色的还原产物——钼蓝钼蓝最大的光吸收在650～660 nm波长处。当使用抗坏血酸为还原剂时，测定的最适范围为1～10 μg无机磷。

测定样品核酸总磷量，需先将它用硫酸或过氯酸消化成无机磷再行测定。总磷量减去未消化样品中测得的无机磷量，即得核酸含磷量，由此可以计算出核酸含量。

6.2.3 试剂和仪器

（1）试剂

以下试剂均用分析纯，溶液要用重蒸水配制。

① 标准磷溶液。将磷酸二氢钾（KH_2PO_4）预先置于100 ℃烘箱烘至恒重。精确称取0.8775 g溶于少量蒸馏水中，转移至500 mL容量瓶中，加入5 mL 5 mol/L硫酸溶液及氯仿数滴，用蒸馏水稀释至刻度，此溶液每毫升含磷400 μg。临用时准确稀释20倍（20 μg/mL）。

② 定磷试剂。a. 17%硫酸：17 mL浓硫酸（比重1.84）缓缓加入83 mL水中。b. 2.5%钼酸铵溶液：2.5 g钼酸铵溶于100 mL水中。c. 10%抗坏血酸溶液：10 g抗坏血酸溶于100 mL水中，保存于棕色瓶中，溶液配制后当天使用。正常颜色呈浅黄绿色，如呈棕黄色或深绿色不能使用，抗坏血酸溶液放置在冰箱中可保存1个月。临用时将上述3种溶液与水按如下比例混合，V（17%硫酸）：V（2.5%钼酸铵溶液）：V（10%抗坏血酸溶液）：V（水）=1∶1∶1∶2。

③ 5%氨水。

④ 27% 硫酸：27 mL 硫酸（比重 1.84）缓缓倒入 73 mL 水中。

⑤ 30% 过氧化氢。

（2）仪器

① 分析天平。

② 容量瓶（50 mL、100 mL）。

③ 台式离心机。

④ 离心管。

⑤ 凯氏烧瓶（25 mL）。

⑥ 恒温水浴锅。

⑦ 200 ℃烘箱。

⑧ 硬质玻璃试管。

⑨ 吸量管。

⑩ 分光光度计。

6.2.4 操作步骤

（1）磷标准曲线的绘制

取干试管 9 支，按表 2－6 加入标准磷溶液、水及定磷试剂，平行做两份。

表 2－6 核酸含量的测定——标准曲线的绘制

试剂	管号								
	0	1	2	3	4	5	6	7	8
标准磷溶液/mL	0	0.05	0.1	0.2	0.3	0.4	0.5	0.6	0.7
蒸馏水/mL	3.0	2.95	2.9	2.8	2.7	2.6	2.5	2.4	2.3
定磷试剂/mL	3.0	3.0	3.0	3.0	3.0	3.0	3.0	3.0	3.0
A_{660}									

将试管内溶液摇匀，于 45 ℃恒温水浴内保温 10 min。冷却至室温，于 660 nm 处测定吸光度。取两管平均值，以标准磷含量（μg）为横坐标，吸光度为纵坐标，绘出标准曲线。

（2）总磷的测定

称取样品（如粗核酸）0.1 g，用少量蒸馏水溶解（如不溶，可滴加 5% 氨水至 pH 7.0），转移至 50 mL 容量瓶中，加水至刻度（此溶液含样品 2 mL/mg）。

吸取上述样液 1.0 mL，置于 50 mL 凯氏烧瓶中，加入少量催化剂，再加 1.0 mL 浓硫酸及 1 粒玻璃珠，凯氏烧瓶上盖一小漏斗，于通风橱内加热，至溶液呈黄褐色后，取出稍冷，加入 1 ~2 滴 30% 过氧化氢（勿滴于瓶壁），继续消化，直至溶液透明。冷却，将消化液移入 100 mL 容量瓶中，用少量水洗涤凯氏烧瓶两次，洗涤液一并倒入容量瓶，加水至刻度，混匀后吸取 3.0 mL 置于试管中，加定磷试剂 3.0 mL，45 ℃保温 10 min，测 A_{660}。

（3）无机磷的测定

吸取样液（2 mL/mg）1.0 mL，置于 100 mL 容量瓶中，加水至刻度，混匀后吸取 3.0 mL 置试管中，加定磷试剂 3.0 mL，45 ℃保温 10 min，测 A_{660}。

6.2.5 计算

有机磷 A_{660} = 总磷 A_{660} – 无机磷 A_{660}。

由标准曲线查得有机磷的质量（μg），再根据测定时的样品毫升数，求得有机磷的质量浓度（μg/mL）。按式（2.23）计算样品中核酸的质量分数：

$$W = \frac{CV \times 11}{m} \times 100\% \text{。} \tag{2.23}$$

式中：

W——核酸的质量分数（%）；

C——有机磷的质量浓度（μg/mL）；

V——样品总体积（mL）；

11——因核酸中含磷量为 9% 左右，1 μg 磷相当于 11 μg 核酸；

m——样品质量（μg）。

7 大豆皂苷含量的测定方法[7]

7.1 第一法 高效液相色谱法

7.1.1 适用范围

本方法适用于以大豆、大豆粕或大豆胚芽为原料提取的商品大豆皂苷。

本方法规定了采用高效液相色谱测定大豆皂苷中皂苷的含量。

皂苷各单体的检出限为 0.1 g/kg。

7.1.2 原理

试样用 80% 乙醇溶解后，经 0.45 μm 滤膜过滤，采用反相键合相色谱测定，根据色谱峰保留时间进行定性，根据峰面积或峰高定量，计算大豆皂苷各单体的含量之和为大豆皂苷含量。

7.1.3　试剂

除非另有说明，仅使用确认为优级纯的试剂。

① 水：符合国家标准规定的一级水标准。

② 甲醇。

③ 80%乙醇溶液：量取800 mL无水乙醇加水稀释至1000 mL。

④ 大豆皂苷标准溶液：称取A类、B类、E类及DDMP类大豆皂苷单体标准品（含量≥98%）各10.0 mg置于100 mL容量瓶中，用80%乙醇溶液溶解并稀释至刻度，摇匀。每毫升溶液分别含每种大豆皂苷单体标准品0.10 mg。

7.1.4　仪器与设备

除常规实验室仪器设备外，还包括高效液相色谱仪。

（1）高效液相色谱仪

具紫外检测器。

（2）高效液相色谱分析参考条件

① 色谱柱：Nova - pak C_{18}柱3.9 mm×300 mm，或相同性质的填充柱。

② 流动相：甲醇水溶液，V（甲醇）$+V$（水）$=80+20$。

③ 流速：1.0 mL/min。

④ 检测器：紫外检测器，205 nm波长，0.2 AUFS。

⑤ 色谱柱温度：30 ℃。

⑥ 进样量：10 μL。

7.1.5　操作步骤

（1）试样制备

称取试样约0.1 g，精确至0.001 g，加80%乙醇溶液溶解并稀释定容至100 mL，混匀，通过0.45 μm微孔滤膜过滤，滤液备作高效液相色谱（HPLC）分析用。

（2）测定

在相同的色谱分析条件下，分别取10 μL大豆皂苷溶液和试样溶液注入高效液相色谱分析，根据保留时间定性，外标峰面积定量。

7.1.6　结果计算

大豆皂苷的含量按式（2.24）计算：

$$X = \frac{\sum(A_i) \times V \times 100}{V_1 \times m \times 1000 \times (100 - \omega)} \times 100。 \tag{2.24}$$

式中：

X——产品中大豆皂苷的含量（以质量分数计），%；

A_i——进样体积中大豆皂苷单体组分 i 的质量，单位为 mg；

V——样品稀释总体积，单位为 μL；

V_1——进样体积，单位为 μL；

m——样品质量，单位为 g；

ω——样品水分（以质量分数计），%。

计算结果保留 3 位有效数字。

7.1.7 重复性

在重复性条件下获得的两次独立测定结果的绝对差值不得超过算术平均值的 5%。

7.2 第二法 分光光度计法

7.2.1 适用范围

本方法规定了采用分光光度计测定大豆皂苷中皂苷含量的方法。

本方法大豆皂苷的检出限为 0.1 g/kg。

7.2.2 原理

样品用 50% 甲醇水溶液溶解后，在酸性条件下水解，以乙酸乙酯萃取出苷元，与香草醛、高氯酸反应显色，在 560 nm 波长下测定吸光度，与标准曲线比较定量。

7.2.3 试剂

① 高氯酸。

② 95% 乙醇。

③ 乙酸乙酯。

④ 50% 甲醇溶液：量取 100 mL 甲醇加入 100 mL 水中，摇匀。

⑤ 2 mol/L HCl 溶液：量取 16.5 mL HCl 加水稀释至 100 mL。

⑥ 5% 香草醛冰乙酸溶液：称取 5.00 g 香草醛溶于 100 mL 冰乙酸中，摇匀。

⑦ 大豆皂苷标准溶液：称取大豆皂苷单体标准品或混合标准品（含量

≥98%）10.0 mg 用少量 50% 甲醇溶液溶解后，加入 2 mol/L HCl 60 mL 100 ℃水解 5 h，用 70 mL 乙酸乙酯分数次萃取，提取液用旋转蒸发器蒸干后，用 95% 乙醇溶解并转移至 100 mL 容量瓶中，以 95% 乙醇定容至刻度，摇匀。每毫升溶液含大豆皂苷 0.10 mg。

7.2.4 仪器

除常规实验室仪器设备外，还包括分光光度计（具 1 cm 比色皿）。

7.2.5 操作步骤

（1）试样制备

称取试样约 0.1 g，精确至 0.001 g，溶于 50 mL 50% 甲醇溶液中，用 50% 的甲醇溶液定容于 100 mL，取 10 mL 加入 2 mol/L HCl 60 mL，100 ℃水解5 h，用 70 mL 乙酸乙酯分数次萃取，提取液用旋转蒸发器蒸干后，用 95% 乙醇溶解并转移至容量瓶中，以 95% 乙醇定容至 100 mL 作为待测样液。

（2）标准曲线的绘制

取大豆皂苷标准溶液 0 mL、0.1 mL、0.2 mL、0.3 mL、0.4 mL、0.5 mL、0.6 mL、0.7 mL（相当于大豆皂苷 0 mg、0.01 mg、0.02 mg、0.03 mg、0.04 mg、0.05 mg、0.06 mg、0.07 mg）于 10 mL 具塞试管中，水浴挥干，加 5% 的香草醛冰乙酸溶液 0.2 mL，加入高氯酸 0.8 mL，摇匀，60 ℃水浴加热 15 min，取出后立即用流水冷却，加入 4 mL 冰乙酸稀释摇匀后，在 560 nm 处以 0 管调零，测定吸光度，每个浓度平行测定两次，计算平均吸光度值，以吸光度值为横坐标，大豆皂苷质量（mg）为纵坐标，绘制标准曲线。

（3）测定

吸收待测样液 0.4 mL 于 10 mL 具塞试管中，水浴挥干，加 5% 的香草醛冰乙酸溶液 0.2 mL，加入高氯酸 0.8 mL，摇匀，60 ℃水浴加热 15 min，取出后立即用流水冷却，加入 4 mL 冰乙酸稀释摇匀后，在 560 nm 处以 0 管调零，测定吸光度，与标准曲线比较定量。

7.2.6 结果计算

大豆皂苷的含量按式（2.25）计算：

$$X = \frac{A \times V \times V_2 \times 100}{V_1 \times V_3 \times m \times 1000 \times (100 - \omega)} \times 100 \qquad (2.25)$$

式中：

X——产品中大豆皂苷的含量（以质量分数计），%；

A——样液中大豆皂苷的质量，单位为 mg；

V——样品稀释总体积，单位为 mL；

V_1——水解时取样液体积，单位为 mL；

V_2——水解液定容体积，单位为 mL；

V_3——测定用水解液定容体积，单位为 mL；

m——样品质量，单位为 g；

ω——样品水分（以质量分数计），%。

计算结果保留 3 位有效数字。

7.2.7 重复性

在重复性条件下获得的两次独立测定结果的绝对差值不得超过算术平均值的 5%。

8 大豆低聚糖含量的测定方法[8]

8.1 适用范围

本方法规定了采用高效液相色谱法测定大豆低聚糖中低聚糖含量的测定方法。

本方法低聚糖各单体的检出限为 1.0 g/kg。

8.2 原理

试样用 80% 乙醇溶解后，经 0.45 μm 滤膜过滤，采用反相键合相色谱测定，根据色谱峰保留时间进行定性，根据峰面积或峰高定量，各单体的含量之和为大豆低聚糖含量。

8.3 试剂

除非另有说明，在分析中仅使用确认为优级纯的试剂。

① 水：符合国家标准规定的一级水标准。

② 乙腈。

③ 80% 乙醇溶液：量取 800 mL 无水乙醇加水稀释至 1000 mL。

④ 低聚糖标准溶液：分别称取蔗糖、棉子糖、水苏糖标准品（含量均应≥98%）各 1.000 g 置于 100 mL 容量瓶中，用 80% 乙醇溶液溶解并稀释至刻度，摇匀。每毫升溶液分别含蔗糖、棉子糖、水苏糖 10 mg。经 0.45 μm 滤膜过滤，滤液供 HPLC 分析用。

8.4 仪器

除常规实验室仪器设备外，还包括高效液相色谱仪和天平。

（1）高效液相色谱仪

附示差折光检测器。

（2）高效液相色谱分析参考条件

① 色谱柱：Kromasil 100 氨基柱，25 cm × 4.6 mm，或相同性质的填充柱。

② 流动相：V（乙腈）+ V（水）= 80 + 20。

③ 流速：1.0 mL/min。

④ 检测器：示差折光检测器（RID）。

⑤ 色谱柱温度：30 ℃。

⑥ 检测器温度：30 ℃。

⑦ 进样量：10 μL。

（3）天平

分度值 0.0001 g。

8.5 操作步骤

（1）试样制备

称取试样约 1 g，精确到 0.001 g，加 80% 乙醇溶液溶解并稀释定容至 100 mL，混匀，经 0.45 μm 滤膜过滤，滤液备作 HPLC 分析用。

（2）测定

① 校准曲线的制备。分别取低聚糖标准糖液 1 μL、2 μL、3 μL、4 μL、5 μL（相当于各低聚糖质量 10 μg、20 μg、30 μg、40 μg、50 μg）注入液相色谱仪，进行高效液相色谱分析，测定各组分色谱峰面积（或峰高），以标准糖质量对相应的峰面积（或峰高）作校准曲线，或用最小二乘法求回归方程。

② 样品测定。在相同的色谱分析条件下，取 10 μL 试样溶液注入高效液相色谱仪分析，测定各组分色谱峰面积（或峰高），与标准曲线比较确定进样液中低聚糖 i 组分的质量（m_i），大豆低聚糖的色谱如图 2－3 所示。

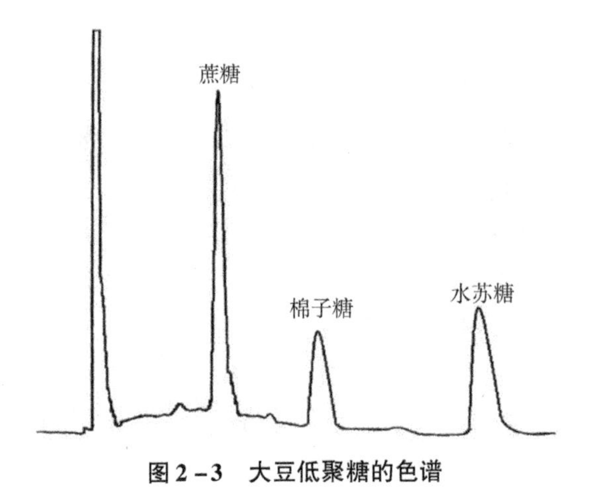

图 2-3　大豆低聚糖的色谱

8.6　结果计算

大豆低聚糖的含量按式（2.26）计算：

$$X = \frac{\sum m_i \times V \times 100}{V_1 \times m \times 1000 \times (100 - \omega)} \times 100 \tag{2.26}$$

式中：

X——产品中大豆低聚糖的含量，%；

m_i——低聚糖组分 i 的质量，单位为 mg；

V——样品溶液体积，单位为 μL；

V_1——进样体积，单位为 μL；

m——样品质量，单位为 g；

ω——样品水分（以质量分数计），%。

计算结果保留 3 位有效数字。

8.7　重复性

在重复性条件下获得的两次独立测定结果的绝对差值不得超过算术平均值的 5%。

9　大豆异黄酮含量的测定方法[9]——高效液相色谱法（一）

9.1　适用范围

本方法适用于以大豆异黄酮为主要功能性成分的保健食品（片剂、胶囊、口服液、饮料），也可用于保健食品原料中大豆异黄酮含量的测定。

本方法的检出限：固体、半固体样品大豆苷、大豆黄苷、染料木苷大豆素、大豆黄素和染料木素组分的检出限均为5 mg/kg；液体样品的大豆苷、大豆黄苷、染料木苷、大豆素、大豆黄素和染料木素组分的检出限均为0.2 mg/L。

9.2 原理

① 大豆异黄酮为大豆苷、大豆黄苷、染料木苷、大豆素、大豆黄素和染料木素的总称，分子式如下：大豆苷 $C_{21}H_{20}O_9$；大豆黄苷 $C_{22}H_{22}O_{10}$；染料木苷 $C_{21}H_{20}O_{10}$；大豆素 $C_{15}H_{10}O_4$；大豆黄素 $C_{16}H_{12}O_5$；染料木素 $C_{15}H_{10}O_5$。

② 样品制备、提取、过滤后，经高效液相色谱仪分析（C_{18}柱分离），依据保留时间定性，用外标法定量。

9.3 试剂和材料

本方法使用水应符合国家标准规定的一级水标准。除另有规定仅使用分析纯试剂。

① 乙腈：色谱纯。

② 甲醇：优级纯。

③ 80%甲醇：用甲醇80 mL，加水20 mL，混匀。

④ 磷酸。

⑤ 磷酸水溶液：用磷酸调节pH至3.0，经0.45 μm滤膜过滤。

⑥ 二甲基亚砜：色谱纯。

⑦ 50%二甲基亚砜溶液：取二甲基亚砜50 mL，加水50 mL，混匀。

⑧ 大豆异黄酮标准储备溶液：称取大豆苷（daidzin）、大豆黄苷（glycitin）、染料木苷（genistin）、大豆素（daidzein）、大豆黄素（glycitein）和染料木素（genistein）（纯度均为98.0%以上）各4 mg，分别置于10 mL容量瓶中，加入二甲基亚砜至接近刻度，超声处理30 min，再用二甲基亚砜定容。各标准储备溶液浓度均为400 mg/L（大豆苷、大豆黄苷、染料木苷、大豆素、大豆黄素和染料木素）。

⑨ 大豆异黄酮混合标准使用溶液有以下5种。

8.0 mg/L混合标准溶液配制：吸取大豆苷、大豆黄苷、染料木苷、大豆素、大豆黄素、染料木素6种标准储备溶液各0.2 mL于10 mL容量瓶中，加入等体积水，用50%二甲基亚砜溶液定容。

16.0 mg/L混合标准溶液配制：吸取大豆苷、大豆黄苷、染料木苷、大豆素、大豆黄素、染料木素6种标准储备溶液各0.4 mL于10 mL容量瓶中，加入等体积水，用50%二甲基亚砜溶液定容。

24.0 mg/L混合标准溶液配制：吸取大豆苷、大豆黄苷、染料木苷、大豆素、大豆黄素、染料木素6种标准储备溶液各0.6 mL于10 mL容量瓶中，加入等体积水，用50%二甲基亚砜溶液定容。

32.0 mg/L混合标准溶液配制：吸取大豆苷、大豆黄苷、染料木苷、大豆素、大豆黄素、染料木素6种标准储备溶液各0.8 mL于10 mL容量瓶中，加入等体积水，用50%二甲基亚砜溶液定容。

40.0 mg/L混合标准溶液配制：吸取大豆苷、大豆黄苷、染料木苷、大豆素、大豆黄素、染料木素6种标准储备溶液各1.0 mL于10 mL容量瓶中，加入等体积水，用50%二甲基亚砜溶液定容。

9.4 仪器和设备

① 高效液相色谱仪：带紫外检测器（或二极管阵列检测器）。

② 超声波振荡器。

③ 分析天平：感量0.01 mg。

④ 酸度计：精度0.02 pH。

⑤ 离心机：转速不低于8000 r/min。

⑥ 滤膜：孔径为0.45 μm。

⑦ 容量瓶：10 mL。

9.5 分析步骤

9.5.1 样品处理

① 固体样品、半固体样品：固体样品粉碎、磨细（过80目筛）、混匀，半固体样品混匀，称取样品0.05~0.5 g（精确至0.1 mg），用80%甲醇溶液溶解并转移至50 mL容量瓶中，加入80%甲醇溶液至接近刻度。

② 液体样品：吸取混匀的液体样品0.5~5.0 mL于50 mL容量瓶中，加入80%甲醇溶液至接近刻度。

③ 将上述样品溶液用超声波振荡器振荡20 min，用80%甲醇定容，摇匀。取样品溶液置于离心管中，离心机离心15 min（转速大于8000 r/min）。取上清液用滤膜过滤，收集滤液备用。

9.5.2 色谱条件

（1）色谱柱

C_{18}，4.6 mm×250 mm，粒度5 μm不锈钢色谱柱；也可使用分离效果相当的其他不锈钢柱。

（2）流动相

流动相 A：乙腈。

流动相 B：磷酸水溶液（pH 3.0）。

（3）梯度洗脱条件

梯度洗脱条件如表 2－7 所示。

表 2－7　梯度洗脱条件

时间/min	0	10	23	30	50	55	56	60
流动相 A/%	12	18	24	30	30	80	12	12
流动相 B/%	88	82	76	70	70	20	88	88

（4）流速

流速为 1.0 mL/min。

（5）波长

波长为 260 nm。

（6）进样量

进样量为 10 μL。

（7）柱温

柱温为 30 ℃。

9.5.3　测定

（1）定性

分别将大豆苷、大豆黄苷、染料木苷、大豆素、大豆黄素、染料木素的标准储备溶液稀释 10 倍后，按色谱条件进行测定，依据单一标准样品的保留时间，对样品溶液中的组分进行定性，定性色谱如图 2－4 所示。

（2）定量

将大豆异黄酮混合标准使用溶液在色谱条件下进行测定，绘制以峰面积为纵坐标、混合标准使用溶液浓度为横坐标的标准曲线。将 9.5.3（1）制备的样品溶液注入高效液相色谱仪中，保证样品溶液中大豆苷、大豆黄苷、染料木苷、大豆素、大豆黄素和染料木素的响应值均在工作曲线的线性范围内，由标准曲线查得样品溶液中大豆苷、大豆黄苷、染料木苷、大豆素、大豆黄素和染料木素的浓度。

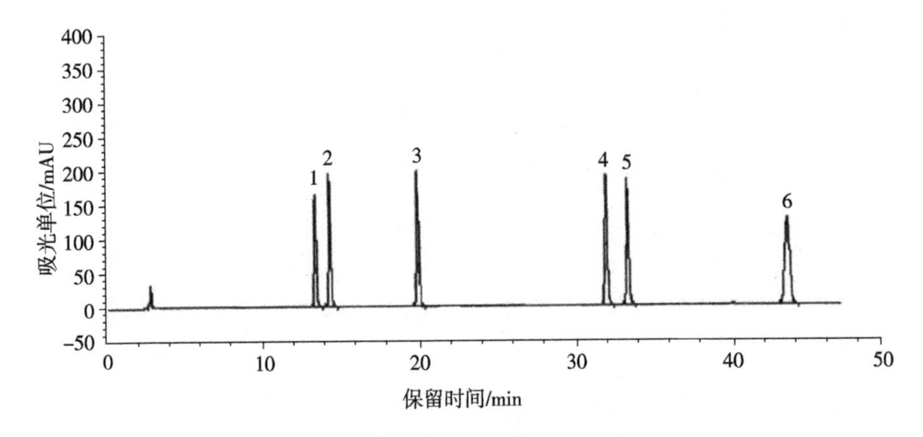

1—大豆苷（daidzin）；2—大豆黄苷（glycitin）；3—染料木苷（genistin）；4—大豆素（daidzein）；5—大豆黄素（glycitein）；6—染料木素（genistein）。

图 2－4　大豆异黄酮标准品的 HPLC 色谱

9.6　结果计算

① 样品中大豆异黄酮各组分［大豆苷（X_1）、大豆黄苷（X_2）、染料木苷（X_3）、大豆素（X_4）、大豆黄素（X_5）和染料木素（X_6）］的含量分别按式（2.27）计算：

$$X_i = c_i \times \frac{V}{m} \times \frac{1000}{1000}。\tag{2.27}$$

式中：

X_i——样品中大豆异黄酮单一组分的含量，单位为 mg/kg 或 mg/L；

c_i——根据标准曲线得出的大豆苷（或大豆黄苷、染料木苷、大豆素、大豆黄素、染料木素）的浓度，单位为 mg/L；

V——样品稀释液总体积，单位为 mL；

m——固体、半固体样品质量，单位为 g；液体样品体积，单位为 mL。

② 样品中大豆异黄酮总含量，按式（2.28）计算：

$$X = X_1 + X_2 + X_3 + X_4 + X_5 + X_6。\tag{2.28}$$

式中：

X——样品中大豆异黄酮总含量，单位为 mg/kg 或 mg/L；

X_1——样品中大豆苷的含量，单位为 mg/kg 或 mg/L；

X_2——样品中大豆黄苷的含量，单位为 mg/kg 或 mg/L；

X_3——样品中染料木苷的含量，单位为 mg/kg 或 mg/L；

X_4——样品中大豆素的含量，单位为 mg/kg 或 mg/L；
X_5——样品中大豆黄素的含量，单位为 mg/kg 或 mg/L；
X_6——样品中染料木素的含量，单位为 mg/kg 或 mg/L。
计算结果应保留到小数点后一位。

9.7 精密度

在重复性条件下两次独立测定结果之差不得超过算术平均值的 10%。

10 大豆异黄酮含量的测定方法[10]——高效液相色谱法（二）

10.1 适用范围

本方法适用于大豆、豆奶粉、豆豉中大豆异黄酮含量的测定。
本测试方法的最低检测限为 2.5 mg/kg。

10.2 原理

试样用甲醇水溶液超声波振荡提取，提取液经离心、浓缩、定容、过滤，用高效液相色谱仪测定，外标法定量。

10.3 试剂与材料

除另有说明外，所用试剂均为分析纯，水应符合国家标准规定的一级水标准。

① 乙腈：色谱纯。
② 甲醇。
③ 乙酸。
④ 90%甲醇溶液：取 900 mL 甲醇，加入 100 mL 水，混匀。
⑤ 60%甲醇溶液：取 600 mL 甲醇，加入 400 mL 水，混匀。
⑥ 10%甲醇溶液：取 100 mL 甲醇，加入 900 mL 水，混匀。
⑦ 0.1%乙酸溶液：取 1 mL 乙酸，置于 1000 mL 容量瓶中，用水定容至刻度。
⑧ 0.1%乙酸乙腈溶液：取 1 mL 乙酸，置于 1000 mL 容量瓶中，用乙腈溶解并定容至刻度。
⑨ 大豆苷（daidzin）：纯度不低于 98%。
⑩ 染料木苷（genistin）：纯度不低于 99%。

⑪ 大豆素（daidzein）：纯度不低于98%。

⑫ 染料木素（genistein）：纯度不低于98%。

⑬ 大豆黄苷（glycitin）：纯度不低于98%。

⑭ 大豆黄素（glycitein）：纯度不低于98%。

⑮ 标准储备溶液配制。a. 大豆异黄酮标准储备溶液：分别准确称取适量的大豆苷、染料木苷、大豆素、染料木素、大豆黄苷、大豆黄素标准品，分别用60%甲醇配成浓度为1 mg/mL的标准储备溶液。－18 ℃避光保存，有效期6个月。b. 大豆异黄酮混合标准中间溶液：分别移取上述各组分大豆异黄酮标准储备溶液0.5 mL于同一10 mL容量瓶中，用60%甲醇定容至刻度，配制成各组分浓度为50 μg/mL的大豆异黄酮混合标准中间溶液，0～4 ℃冷藏避光保存，有效期3个月。c. 大豆异黄酮混合标准工作溶液：分别吸取50.0 μL、100.0 μL、200.0 μL、300.0 μL、1000.0 μL上述大豆异黄酮混合标准中间溶液于10 mL容量瓶中，用10%甲醇溶液配成各组分浓度0.25 g/mL、0.50 g/mL、1.00 g/mL、1.50 g/mL、5.00 g/mL系列的大豆异黄酮混合标准工作溶液，0～4 ℃冷藏避光保存，有效期1周。

⑯ 滤膜：0.454 μm。

10.4 仪器和设备

① 高效液相色谱仪：配紫外检测器。

② 分析天平：感量0.01 mg和感量0.01 g。

③ 旋转蒸发器。

④ 超声波清洗器：50 W。

⑤ 离心机：10 000 r/min。

⑥ 粉碎机。

⑦ 组织捣碎机。

⑧ 浓缩瓶：250 mL。

⑨ 样品筛：孔径2.0 mm。

10.5 操作步骤

10.5.1 试样制备

（1）大豆

取有代表性样品约500 g，用粉碎机粉碎使其全部通过孔径2.0 mm样品筛，混匀，装入洁净容器作为试样，于4 ℃以下密封保存，备用。

（2）豆豉

取有代表性样品约500 g，用组织捣碎机捣碎，混匀装入洁净容器作为试样，于4 ℃以下密封保存，备用。

10.5.2　提取

称取5 g（精确到0.01 g）试样于250 mL具塞三角瓶中，加90 mL 90%甲醇溶液，置于超声波清洗器中60 ℃提取30 min，在离心机中10 000 r/min离心10 min，上清液转移至250 mL浓缩瓶中，残渣再加入60 mL 90%甲醇溶液进行提取，上清液也转入250 mL浓缩瓶，在旋转蒸发器60 ℃浓缩至约40 mL。浓缩液转入50 mL容量瓶，用10%甲醇溶液冲洗浓缩瓶并定容至刻度。取1 mL提取液通过0.45 μm滤膜，供高效液相色谱仪测定。

10.5.3　色谱参考条件

色谱参考条件如下。

① 色谱柱：RPC_{18}柱（250 mm×4.6 mm，5 μm）或性能相当的色谱柱。

② 流动相：0.1%乙酸溶液和0.1%乙酸乙腈溶液，按表2－8的规定进行梯度洗脱。

③ 流速：1 mL/min。

④ 柱温：40 ℃。

⑤ 波长：260 nm。

⑥ 进样量：20 μL。

表2－8　乙酸、乙酸乙腈溶液梯度洗脱

时间/min	0.1%乙酸水溶液/mL	0.1%乙酸乙腈溶液/mL
0	90	10
12.5	70	30
17.5	60	40
18.5	0	100
21.0	0	100
22.5	90	10
26.0	90	10

10.5.4　测定

参考上述色谱条件调节高效液相色谱仪，使大豆异黄酮各组分的色谱峰完全分离。分别吸取 20 μL 适当浓度的大豆异黄酮混合标准工作液和样液进行液相色谱测定，分别得到大豆异黄酮各组分的标准工作液峰面积（A_{si}）和样液大豆异黄酮各组分峰面积（A_i）。如果样液中大豆异黄酮某一组分峰面积与标准工作溶液中的该组分峰面积相差较大时，稀释样液或调整标准工作液浓度后再行测定。

在上述色谱条件下，大豆异黄酮各组分的保留时间约为：大豆苷 8.2 min，大豆黄苷 8.8 min，染料木苷 11.0 min，大豆素 15.3 min，大豆黄素16.3 min，染料木素 19.4 min。标准品的色谱如图 2－5 所示。

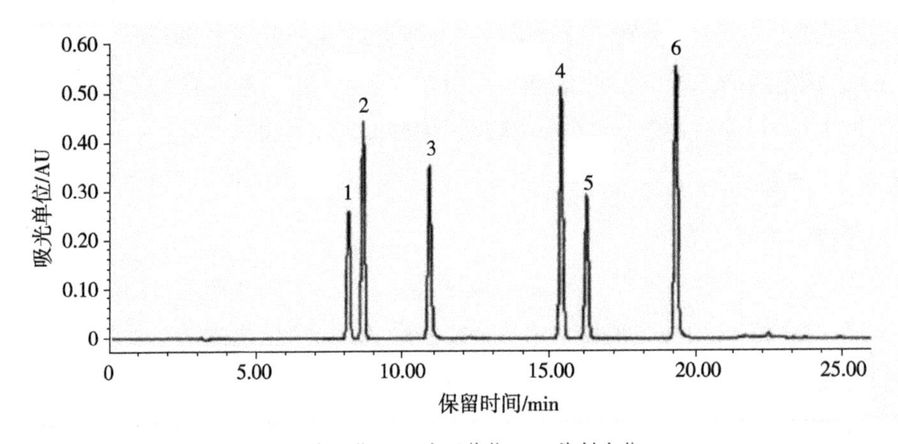

1—大豆苷；2—大豆黄苷；3—染料木苷；

4—大豆素；5—大豆黄素；6—染料木素。

图 2－5　大豆异黄酮标准色谱

10.5.5　空白试验

除不加试样外，按 10.5.2 至 10.5.4 操作步骤进行测定。

10.6　结果计算与表示

10.6.1　大豆异黄酮各组分含量

按式（2.29）计算试样中大豆异黄酮各组分含量（mg/kg）：

$$X_i = \frac{A_i \times C_{si} \times V}{A_{si} \times m}。\tag{2.29}$$

式中：

X_i——试样中某一大豆异黄酮组分含量，单位为 mg/kg；

A_i——试样提取液中某一大豆异黄酮组分的峰面积；

A_{si}——大豆异黄酮混合标准工作液中某一组分的峰面积；

C_{si}——大豆异黄酮混合标准液中某一组分的浓度，单位为 μg/mL；

V——试样提取液最终定容体积，单位为 mL；

m——试样质量，单位为 g。

注：计算结果应扣除空白值。

10.6.2 大豆异黄酮总含量

试样大豆异黄酮总含量为各组分之和，按式（2.30）计算：

$$X = \sum X_i \quad (2.30)$$

式中：

X——试样中大豆异黄酮总含量，单位为 mg/kg。

注：本方法 6 种异黄酮已包括大豆中异黄酮的绝大部分组分，可认为是大豆异黄酮总含量。

10.6.3 结果表示

取两次测定结果绝对差值小于重复性限 r 的平均值为测定结果，单位为 mg/kg，保留 3 位有效数字。如果两个独立测试结果的绝对差值超过重复性限 r 应弃去该测试结果，再重新完成两个独立测试。

10.7 精密度

10.7.1 重复性

在重复性条件下，获得的两个独立测试结果的绝对差值不得超过重复性限 r。各组分大豆异黄酮含量在 2.5～30 mg/kg 范围内，其重复性限计算方程参见重复性限 r 和再现性限 R 计算方程。

10.7.2 再现性

在再现性条件下，获得的两个独立测试结果的绝对差值不得超过再现性限 R。各组分大豆异黄酮含量在 2.5～30 mg/kg 范围内，其再现性限计算方程参见重复性限 r 和再现性限 R 计算方程（表 2－9）。

表 2－9 重复性限 r 和再现性限 R 计算方程

组分名称	含量范围/(mg/kg)	样品	重复性限 r	再现性限 R
大豆苷	2.5～30	大豆	$r=0.1357m+0.4000$	$R=0.2239m-0.2762$
		豆豉	$r=0.1275m+0.4864$	$R=0.1685m+0.3600$
大豆黄苷	2.5～30	大豆	$r=0.0973m+0.7047$	$R=0.2351m+0.3089$
		豆豉	$r=0.0976m+0.8066$	$R=0.1841m+0.6578$

续表

组分名称	含量范围/(mg/kg)	样品	重复性限 r	再现性限 R
染料木苷	2.5～30	大豆	$r=0.1860m+0.2568$	$R=0.1836m+0.4832$
		豆豉	$r=0.1147m+0.4391$	$R=0.1369m+0.0391$
大豆素	2.5～30	大豆	$r=0.1241m+0.4810$	$R=0.1598m+0.5105$
		豆豉	$r=0.0741m+0.7389$	$R=0.1640m+0.1368$
大豆黄素	2.5～30	大豆	$r=0.1223m+0.5448$	$R=0.1613m+0.6762$
		豆豉	$r=0.1290m+0.1853$	$R=0.0718m+1.2041$
染料木素	2.5～30	大豆	$r=0.0982m+0.6643$	$R=0.1370m+0.7502$
		豆豉	$r=0.1147m+0.5795$	$R=0.0885m+0.8544$

注：m 为该组分的含量，即该组分两个独立测定结果的算术平均值。r 和 R 以95%的可信度计算。

参考文献

[1] 中华人民共和国国家卫生和计划生育委员会. 食品安全国家标准　食品中膳食纤维的测定：GB5009. 88－2014 [S]. 北京：中国标准出版社，2016：1－7.

[2] 李杨，胡淼，孙禹凡，等. 提取方式对大豆膳食纤维理化及功能特性的影响[J]. 食品科学，2018，39(21)：18－24.

[3] 中华人民共和国国家卫生和计划生育委员会. 食品安全国家标准　食品中叶酸的测定：GB 5009. 211－2014 [S]. 北京：中国标准出版社，2016：1－10.

[4] 中华人民共和国国家质量监督检验检疫总局，中国国家标准化管理委员会. 大豆肽粉：GB /T22492－2008 [S]. 北京：中国标准出版社，2009：1－9.

[5] 滕利荣. 生物学基础实验教程[M]. 长春：吉林科学技术出版社，1999：575－576.

[6] 陈钧辉，等. 生物化学实验[M]. 北京：科学出版社，2003：123－125.

[7] 中华人民共和国国家质量监督检验检疫总局，中国国家标准化管理委员会. 大豆皂苷：GB /T22464－2008 [S]. 北京：中国标准出版社，2009：1－7.

[8] 中华人民共和国国家质量监督检验检疫总局，中国国家标准化管理委员会. 大豆低聚糖：GB /T22491－2008 [S]. 北京：中国标准出版社，2009：1－5.

[9] 中华人民共和国国家质量监督检验检疫总局，中国国家标准化管理委员会. 保健食品中大豆异黄酮的测定方法　高效液相色谱法：GB /T23788 - 2009 [S]. 北京：中国标准出版社，2009：1 - 3.

[10] 中华人民共和国国家质量监督检验检疫总局，中国国家标准化管理委员会. 粮油检验 大豆异黄酮含量测定　高效液相色谱法：GB /T26625 - 2011 [S]. 北京：中国标准出版社，2011：1 - 6.

第三章 大豆功效因子（脂溶性）检测方法

1 大豆磷脂中己烷不溶物、丙酮不溶物及酸价的测定方法[1]

1.1 适用范围

本方法适用于从大豆中提取的，用作饲料添加剂的大豆磷脂产品。

1.2 试验方法

除非另有规定，在分析中仅使用确认为分析纯的试剂和符合国家标准规定的三级水标准。

1.2.1 试剂和溶液

① 正己烷。

② 石油醚（沸程 60 ~ 90 ℃）。

③ 丙酮。

④ 1% 酚酞指示剂溶液。

⑤ 0.1 mol/L 氢氧化钾－乙醇标准溶液。

⑥ 中性乙醇：临用前用 0.1 mol/L 溶液滴定至中性。

1.2.2 仪器和设备

① 真空泵。

② 抽滤瓶：500 mL。

③ 玻璃砂芯坩埚：规格 G_3。

④ 分析天平：精度为 0.0001 g。

⑤ 恒温干燥箱：温度精度 ±2 ℃。

⑥ 恒温水浴箱：温度精度 ±2 ℃。

⑦ 实验室常用玻璃器具。

1.2.3 己烷不溶物的测定

（1）测定方法

将砂芯坩埚在 100～105 ℃烘箱中烘至恒重。称取混匀的试样约 5.0 g（准确至 0.0002 g）置于 250 mL 锥形瓶中加入 100 mL 正己烷，搅拌溶解后，用已恒重的砂芯坩埚抽滤。用约 25 mL 正己烷分两次洗涤烧杯并将不溶物全部转移至砂芯坩埚内，用正己烷洗净砂芯坩埚内壁和不溶物，最后尽量抽除残留正己烷。取下坩埚，用脱脂棉花沾少许正己烷擦净砂芯坩埚外壁。将砂芯坩埚至 100～105 ℃烘箱中烘 1 h，取出后置于干燥器中冷却，称重，再烘 30 min，冷却，称重。

（2）结果计算

试样中己烷不溶物含量以质量分数 X_1 计，按式（3.1）计算：

$$X_1 = \frac{m_3 - m_2}{m_1} \times 100\%。\quad (3.1)$$

式中：

m_1——试样质量，单位为 g；

m_2——砂芯坩埚质量，单位为 g；

m_3——坩埚加己烷不溶物质量，单位为 g。

（3）允许差

取平行测定结果的算术平均值为测定结果，两次平行测定结果相对偏差不大于 5%

1.2.4 丙酮不溶物的测定

（1）样品制备

粉状磷脂制备：用 50 mL 烧杯称取约 2 g 流质磷脂，加 10 mL 石油醚溶解，加 25 mL 丙酮，析出磷脂，抽滤器上装好 G_3 坩埚用 80 mL 丙酮分数次抽滤。

磷脂饱和丙酮溶液（以下简称饱和丙酮）制备：取 1 g 粉状磷脂于1000 mL 磨口瓶中，加 1000 mL 丙酮，在 0～5 ℃冰水浴中浸泡 2 h，约隔 15 min 摇动 1 次，经过 2 h 后，用快速滤纸过滤，滤液于 0～5 ℃冷藏，备用。

（2）测定方法

① 将烧杯、玻璃棒和坩埚，在 100～105 ℃烘箱中烘至恒重。

② 称取混匀试样约 2.0 g（精确至 0.0002 g）于已恒重的烧杯中（连同玻璃棒）。加 0～5 ℃饱和丙酮约 30 mL，在冰水浴内用玻璃棒采取搅拌与碾

压相结合的方法用力碾压试样，在2 min内使试样中大部分油溶出。将溶液迅速用已恒重的坩埚轻度抽滤，不要将颗粒状不溶物带入坩埚。用0～5 ℃饱和丙酮20 mL冲洗坩埚内壁。

③ 在上述烧坏中再加0～5 ℃饱和丙酮20 mL，在冰水浴内用玻璃棒同上述继续碾压试样2～3 min，待不溶物沉下，溶液用原坩埚抽滤。

④ 按③方法重复两次，要将不溶物全部碾成细粉。最后一次碾洗后，取约0.1 mL清液滴在玻璃上快速蒸发丙酮。如留有油迹，则再按③法碾洗试样直至检查无油残迹。

⑤ 将不溶物搅起移入坩埚中抽滤，用0～5 ℃饱和丙酮约30 mL分两次洗涤砂芯坩埚，玻璃棒、烧杯和不溶物（尽量将不溶物移入坩埚），最后加强抽滤，抽除残留丙酮。

⑥ 将坩埚取下，用干净纱布沾少许丙酮擦净坩埚和烧杯外部，用玻璃棒将坩埚内沉淀物搅松。将盛有沉淀物的坩埚和附有残留不溶物的玻璃棒及烧杯立即置于100～105 ℃烘箱中烘干30 min，取出，置入干燥器内冷却至室温，称重。再烘20 min，冷却，称重，直至恒重。

（3）结果计算

试样中丙酮不溶物含量以质量分数X_2计，按式（3.2）计算：

$$X_2 = \frac{m_6 - m_5}{m_4} \times 100\% - X_1。 \quad (3.2)$$

式中：

m_4——试样质量，单位为g；

m_5——空的坩埚、烧杯、玻璃棒总质量，单位为g；

m_6——干燥后坩埚、烧杯、玻璃棒和沉淀物的总质量，单位为g；

X_1——按式（3.1）计算的已烷不溶物含量。

（4）允许差

取平行测定结果的算术平均值为测定结果，两次平行测定结果相对偏差不大于5%。

1.2.5 酸价的测定

（1）测定方法

称取混匀试样0.3～0.5 g（精确至0.0002 g）于干燥的三角烧瓶中，加入70 mL石油醚摇动使之溶解。然后加入30 mL中性乙醇，摇匀，加入约0.5 mL酚酞指示剂溶液，用氢氧化钾－乙醇标准溶液滴定，滴至出现微红色，在 30 s 内红色不褪为终点。记录终点时消耗的标准溶液体积。

（2）结果计算

试样中酸价含量 X_3，以每克试样消耗氢氧化钾的毫克数表示，单位为 mg/g，按式（3.3）计算：

$$X_3 = \frac{V \times M \times 56.1}{m_7} \text{。} \quad (3.3)$$

式中：

V——滴定消耗的氢氧化钾－乙醇标准溶液体积，单位为 mL；

M——氢氧化钾－乙醇标准溶液的摩尔浓度，单位为 mol/L；

m_7——试样质量，单位为 g；

56.1——1 mL 1 mol/L 氢氧化钾－乙醇标准溶液中含氢氧化钾的毫克数。

（3）允许差

取平行测定结果的算术平均值为测定结果，两次平行测定结果允许差不得超过 0.5 mg/g（以 KOH 计）。测试结果取小数点后一位。

2 大豆磷脂中磷脂酰胆碱、磷脂酰乙醇胺、磷脂酰肌醇的测定方法[2]

2.1 适用范围

本方法规定了高效液相色谱法测定大豆磷脂，大豆油，菜子油，花生油，葵花子油中磷脂酰胆碱，磷脂酰乙醇胺，磷脂酰肌醇 3 种组分含量的方法。

本方法适用于含油大豆磷脂，脱油大豆磷脂，大豆油，菜子油，花生油，葵花子油中磷脂酰胆碱（PC）、磷脂酰乙醇胺（PE）、磷脂酰肌醇（PI）的测定。本方法不适用于大豆溶血磷脂酰胆碱及大豆溶血磷脂乙醇胺的测定。

2.2 原理

试样直接溶解或经三氯甲烷提取，氨基固相萃取柱净化后，高效液相色谱分离，紫外检测器检测，外标法定量。

2.3 试剂和材料

除非另有说明，本方法所用试剂均为分析纯，水应符合国家标准规定的一级水标准。

2.3.1 试剂

① 正己烷［$CH_3(CH_2)_4CH_3$］：色谱纯。

② 异丙醇［$(CH_3)_2CHOH$］：色谱纯。

③ 乙酸（CH_3COOH）：色谱纯。

④ 三氯甲烷（$CHCl_3$）。

⑤ 乙醚（$CH_3CH_2OCH_2CH_3$）。

⑥ 甲醇（CH_3OH）：色谱纯。

2.3.2 试剂配制

① 乙酸水溶液（1 mL/100 mL）：吸取 1 mL 乙酸，加入适量水中，用水定容至 100 mL。

② 正己烷－异丙醇－乙酸水溶液混合溶液（8＋8＋1）：取正己烷80 mL，异丙醇 80 mL，乙酸水溶液 10 mL，混匀。

③ 乙酸－乙醚混合溶液（2＋144）：取乙酸 4 mL 和乙醚 288 mL，混匀。

④ 三氯甲烷－异丙醇混合溶液（2＋1）：取三氯甲烷 200 mL 和异丙醇 100 mL，混匀。

2.3.3 标准品

① 磷脂酰胆碱（CAS 号：8002－43－5）：纯度大于 95%。

② 磷脂酰乙醇胺（CAS 号：39382－08－6）：纯度大于 95%。

③ 磷脂酰肌醇（CAS 号：97281－52－2）：纯度大于 95%。

2.3.4 标准溶液配制

磷脂标准混合溶液：分别准确称取 20 mg 磷脂酰胆碱、20 mg 磷脂酰乙醇胺与 10 mg 磷脂酰肌醇（精确至 0.1 mg），用正己烷－异丙醇－乙酸水溶液混合溶液溶解并定容到 10 mL，此时磷脂酰胆碱、磷脂酰乙醇胺、磷脂酰肌醇浓度分别为 2 mg/mL、2 mg/mL、1 mg/mL。分别准确吸取此溶液 0.25 mL、1.25 mL、2.50 mL、3.75 mL，并用正己烷－异丙醇－乙酸水溶液混合溶液定容到 5 mL。配制的混合标准液中磷脂酰胆碱、磷脂酰乙醇胺浓度分别为 0.1 mg/mL、0.5 mg/mL、1 mg/mL、1.5 mg/mL、2 mg/mL，磷脂酰肌醇浓度分别为 0.05 mg/mL、0.25 mg/mL、0.5 mg/mL、0.75 mg/mL、1 mg/mL。密封后低于－16℃保存备用。

2.3.5 材料

氨基固相萃取柱：1000 mg/6 mL，或性能相当者。

2.4 仪器和设备

① 液相色谱仪：带紫外检测器。

② 分析天平：感量 1 mg 和 0.1 mg。

③ 具塞试管：100 mL。

④ 涡旋振荡器。

⑤ 旋转蒸发仪：转速 10 ~ 120 r/min。

⑥ 离心机：转速至少 5000 r/min。

⑦ 氮气浓缩装置。

2.5 分析步骤

2.5.1 试样制备

（1）大豆磷脂试样制备及前处理

试样应避光放在密闭和防潮的容器内。样品在使用前充分混匀。

依据样品中磷脂酰胆碱、磷脂酰乙醇胺、磷脂酰肌醇含量，称取样品 15 ~ 50 mg（精确至 0.1 mg），用正己烷 - 异丙醇 - 乙酸水溶液混合溶液溶解并定容至 5 mL，经 0.45 μm 微孔膜过滤。密封后低于 -16 ℃保存备用。

（2）油脂试样制备及前处理

取均匀试样 50 g，装入样品瓶备用。

准确称取油脂试样 4 g（精确至 1 mg），置于 100 mL 具塞试管中，加入 50.0 mL 三氯甲烷，涡旋混合。先用 1.0 mL 三氯甲烷活化氨基固相萃取柱，将 10.0 mL 油脂三氯甲烷溶液移入氨基硅胶固相萃取柱中，然后依次用 2.0 mL 三氯甲烷 - 异丙醇混合溶液和 3.0 mL 乙酸 - 乙醚混合溶液淋洗小柱，然后用 3.0 mL甲醇洗脱出磷脂，再重复 4 次，收集洗脱液。洗脱液用旋转蒸发仪，在 45 ℃蒸至近干，转为氮吹，吹干后加入 10.0 mL 正己烷 - 异丙醇 - 乙酸水溶液混合溶液溶解，在 4000 r/min 下离心 5 min，取上清液用于液相色谱分析。

2.5.2 仪器参考条件

① 色谱柱：硅胶柱 Si 60，柱长 250 mm，内径 4.6 mm，粒径为 5 μm，或等效柱。

② 流动相：正己烷 - 异丙醇 - 乙酸水溶液混合溶液（取正己烷 80 mL，异丙醇 80 mL，乙酸水溶液 10 mL，混匀）。

③ 检测波长：205 nm。

④ 流速：1 mL/min。

⑤ 柱温：30 ℃。

⑥ 进样量：10 μL。

2.5.3 标准曲线的制作

将标准系列工作液分别注入液相色谱仪中，测定相应的峰面积，以标准工作溶液的浓度为横坐标，以峰面积为纵坐标，绘制标准曲线。磷脂酰胆碱、磷脂酰乙醇胺、磷脂酰肌醇液相色谱如图 3－1 所示。

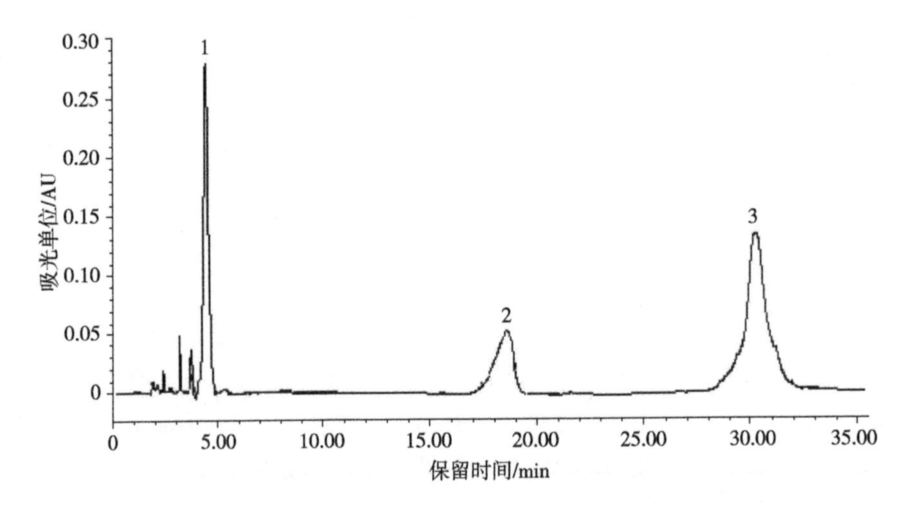

1—磷脂酰乙醇胺（PE）；2—磷脂酰肌醇（PI）；3—磷脂酰胆碱（PC）。

图 3－1　磷脂酰胆碱（2 mg/mL）、磷脂酰乙醇胺（2 mg/mL）、磷脂酰肌醇（1 mg/mL）混合标准溶液的液相色谱

2.5.4 试样溶液的测定

将试样溶液注入液相色谱仪中得到峰面积，根据标准曲线得到待测液中磷脂酰胆碱、磷脂酰乙醇胺和磷脂酰肌醇的浓度。

2.6 结果计算

试样中磷脂酰胆碱、磷脂酰乙醇胺和磷脂酰肌醇含量按式（3.4）计算：

$$\omega = \frac{\rho \times V}{m} \times K。\tag{3.4}$$

式中：

ω——试样中磷脂酰胆碱（或磷脂酰乙醇胺、磷脂酰肌醇）的含量，单位为 mg/g；

ρ——从标准工作曲线上得到的被测组分（磷脂酰胆碱、磷脂酰乙醇胺、磷脂酰肌醇）的浓度，单位为 mg/mL；

V——试样溶液的体积，单位为 mL；

m——试样的质量，单位为 g；

K——稀释倍数，大豆磷脂为 1、植物油类为 5。

大豆磷脂试样计算结果保留至小数点后一位，植物油类试样计算结果保留至小数点后两位。

2.7 精密度

大豆磷脂类样品，在重复性条件下获得的两次独立测定结果的绝对差值不得超过算术平均值的 5%。

植物油类样品，在重复性条件下获得的两次独立测定结果的绝对差值不得超过算术平均值的 10%。

2.8 其他

检出限和定量限如表 3－1 和表 3－2 所示。

表 3－1 检出限和定量限（大豆磷脂类）

磷脂化合物	检出限/(mg/g)	定量限/(mg/g)
PE	4.7	14.0
PC	1.2	3.6
PI	0.8	2.4

注：按取样量 50 mg 计。

表 3－2 检出限和定量限（植物油类）

磷脂化合物	检出限/(mg/g)	定量限/(mg/g)
PE	0.38	1.14
PC	0.12	0.36
PI	0.75	2.25

3 油脂中甾醇组成和甾醇总量的测定方法[3]

3.1 适用范围

本方法适用于动植物油脂中甾醇组成和甾醇总量的测定。

3.2 原理

样品用氢氧化钾－乙醇溶液回流皂化后，不皂化物以氧化铝层析柱进行固相萃取分离。脂肪酸阴离子被氧化铝层析柱吸附，甾醇流出层析柱。通过薄层色谱法将甾醇与不皂化物分离。以桦木醇为内标物，通过气相色谱法对甾醇及其含量进行定性和定量。

3.3 试剂

除非另有说明，仅使用分析纯试剂，水须符合国家标准规定的三级水标准。

① 0.5 mol/L 氢氧化钾－乙醇溶液：溶解 3 g 氢氧化钾于 5 mL 水中，再用 100 mL 乙醇稀释，溶液应呈无色或淡黄色。

② 桦木醇内标溶液：1.0 mg/mL 的丙酮溶液（见 3.3 中⑨的注）。

注：在橄榄果渣油里可能含桦木醇，推荐用 5－α－胆甾烷－3β 醇（胆甾烷醇）为内标物。

③ 乙醇：纯度 >95%（体积分数）。

④ 氧化铝：中性，粒径 0.063～0.200 mm，I 级活性。

⑤ 乙醚：新蒸馏，无过氧化物和残留物。

警告：乙醚极易燃，可以形成爆炸性的过氧化物。空气中的爆炸极限为 1.7%～48%（体积分数）。使用时应采取特殊的预防措施。

⑥ 展开剂：V（已烷）+ V（乙醚）＝1＋1。

⑦ 薄层色谱用标准溶液：1.0 mg/mL 胆甾醇丙酮溶液，5.0 mg/mL 桦木醇丙酮溶液。

⑧ 显色剂：甲醇。

⑨ 硅烷化试剂：在 N－甲基－N－三甲基硅烷七氟丁酰胺（MSHFBA）中加入 50 μL 1－甲基咪唑。

注：一般不使用其他硅烷化试剂，除非采用特别措施以保证桦木醇的两个羟基被硅烷化，否则在气相色谱分离时桦木醇可能会出现两个峰。

3.4 仪器设备

实验室常规仪器设备，以及下列特殊的仪器设备。

① 磨口圆底烧瓶：25 mL 和 50 mL。

② 回流冷凝器：磨口连接，与烧瓶配套。

③ 玻璃柱：具聚四氟乙烯活塞、烧结玻璃砂芯及 100 mL 的储液器，长 25 cm，内径 1.5 cm。

④ 旋转蒸发器：附真空泵和水浴锅（40 ℃恒温）。

⑤ 硅胶薄层色谱板：20 cm × 20 cm，薄层厚度 0.25 mm。

⑥ 玻璃展开槽：具磨砂玻璃盖，应适合规格为 20 cm × 20 cm 薄层板的使用。

⑦ 微量注射器或微量移液管：100 μL。

⑧ 烘箱：可恒温（105 ± 3）℃。

⑨ 干燥器：装有有效的干燥剂，用于储存薄层板。

⑩ 反应瓶：容量 0.3 mL，具螺纹瓶盖和聚四氟乙烯（PTFE）线纹封口，用于甾醇衍生物的制备。

⑪ 气相色谱仪：具有毛细管柱、分流进样装置、氢火焰离子化检测器和合适的记录仪。

⑫ 石英玻璃或玻璃毛细管柱：长 25 ~ 60 m，内径 0.2 ~ 0.25 mm，固定相 SE - 54（或使用温度极限最小为 280 ~ 300 ℃的非极性固定相）；液膜厚度约为 0.1 μm。

⑬ 气相色谱用微量注射器：1 μL。

⑭ 分析天平：感量 0.0001 g。

3.5　试样制备

液体澄清无沉淀的试样，摇匀。混浊或有沉淀的试样，剧烈摇动，直至沉淀物完全从容器壁脱落，振摇均匀。

固体样品可将样品缓慢加温到刚好混合后，充分混匀（注意温度不要过高，避免样品成分被破坏）。

3.6　操作步骤

3.6.1　称量

称取试样约 250 mg（精确至 1 mg）于 25 mL 烧瓶中。对于甾醇含量低于 100 mg/100 g 的油脂，可用 3 倍量的试样，并相应地调整试剂用量和相关仪器设备。

3.6.2　测定

（1）氧化铝柱的制备

在 20 mL 乙醇中加入 10 g 氧化铝，并将悬浮液倒入玻璃柱中，使氧化铝自然沉降，打开活塞放出溶剂，待液面到达氧化铝顶层时关闭活塞。

（2）不皂化物的提取

准确吸取1.00 mL桦木醇内标溶液加于试样烧瓶中，再加入5 mL氢氧化钾-乙醇溶液和少许沸石。在烧瓶上连接好回流冷凝器，加热并保持混合液微沸，15 min后停止加热，并趁热加入5 mL乙醇稀释烧瓶中的混合液，振摇均匀。

吸取5 mL上述溶液加于准备好的氧化铝柱中。以50 mL圆底烧瓶收集洗脱液，打开活塞，放出溶剂直到液面到达氧化铝顶层。先用5 mL乙醇洗提不皂化物，再用30 mL乙醚洗提，流速大约为2 mL/min。用旋转蒸发器去除烧瓶中的溶剂。

警告：此操作中必须采用氧化铝柱，不可用硅胶柱或者其他柱代替，也不可采用溶剂萃取法。

（3）薄层色谱

由（2）得到的不皂化物用少量乙醚溶解。用微量注射器吸取该溶液点在距离薄层板下边缘2 cm处，样液点成线状，线两端距离边缘至少留出3 cm间隙。吸取5 μL薄层色谱标准溶液在距边缘1.5 cm处，左、右各点1点。在展开槽中加入大约100 mL展开剂。将板放入展开槽中展开，直至溶剂到达上边缘。取出薄层板，在通风橱中挥干溶剂。

注：转移由（2）得到的残渣到薄层板上是不必定量的。可使用自动点样装置。展开槽不需饱和。

（4）甾醇的分离

在薄层色谱板上喷洒甲醇，直到甾醇和桦木醇区带在半透明（暗色）背景下呈现白色，桦木醇斑点略低于甾醇区带。标记包括标准点上方2 mm及可见斑点区下方4 mm的区域（图3-2）。用刀片刮下全部标记部分的硅胶层，并将硅胶全部收集于小烧杯中。

注：将可见斑点区下方设定为宽于上方（下方为4 mm，上方为2 mm）是为了避免操作过程中桦木醇的损失。葵花子油可能显示3个带（Δ5-甾醇、Δ7-甾醇和桦木醇）。

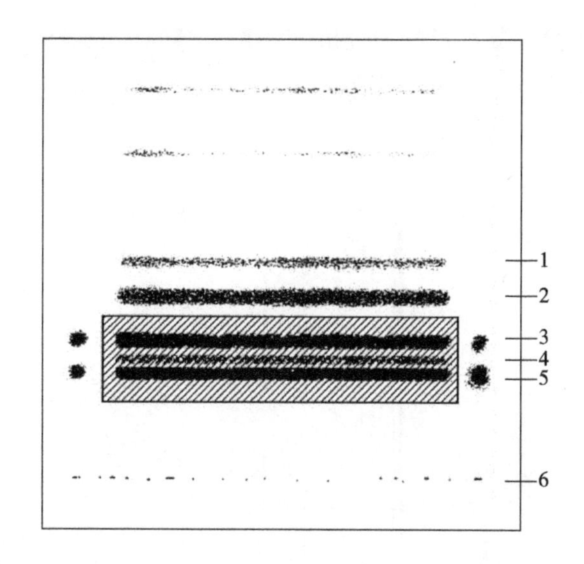

1—三萜烯类；2—甲基甾醇；3—Δ5－甾醇；

4—Δ7－甾醇；5—桦木醇；6—原点。

图3－2 不皂化物中甾醇的薄层色谱分离示意

注：透明背景上呈现白色区带，标记区带（斑点下方4 mm，上方2 mm），刮下阴影线的部分。区带的比移值（R_f）为：桦木醇0.30、Δ7－甾醇0.33、Δ5－甾醇0.45、三萜烯0.53。

在收集的硅胶中加入0.5 mL乙醇。用5 mL乙醚对烧杯中的硅胶洗提3次，并滤入烧瓶中。用旋转蒸发器将乙醚提取物浓缩至约1 mL。将浓缩液转移至反应瓶中。用氮气流吹干反应瓶中的溶剂。

（5）甾醇三甲基硅醚的制备

取100 μL硅烷化试剂加于浓缩液的反应瓶中。密封反应瓶，置于105 ℃烘箱中加热15 min。取出并冷却至室温后，将溶液直接注入气相色谱仪进行分析。

（6）气相色谱分析

优化程序升温和载气流速使得到的色谱图接近于图3－3。已知油的硅烷化甾醇的分离如图3－3所示。

可采用下列色谱参数：① 气相色谱柱，固定相SE－54，长50 m，内径0.25 mm，薄膜厚度0.10 μm。② 载气为氢气，流速为36 cm/s，分流比1∶20。③ 检测器及进样口温度为320 ℃；柱温采用程序升温方式，以4 ℃/min的速度从240 ℃增加至255 ℃；进样量1 μL。

也可采用其他等效的毛细管柱。

用含有胆甾醇、菜籽甾醇、豆甾醇和谷甾醇的标准溶液检查保留时间。用空白溶液校正来自溶剂、玻璃壁、过滤器和手指等可能带来的污染（如测定胆甾醇）。

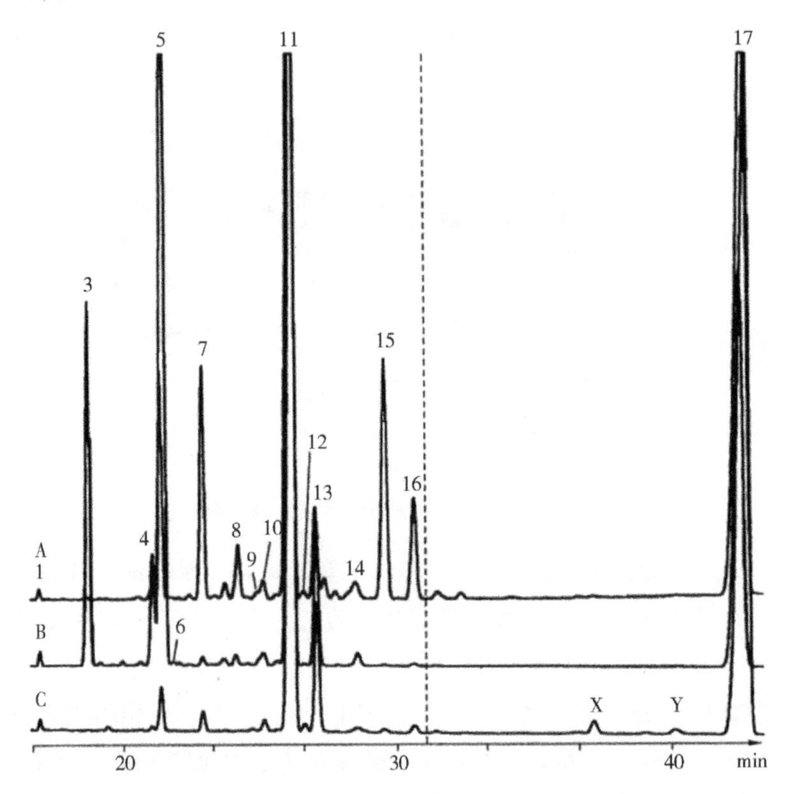

图3－3　葵花子（A）、油菜子（B）及橄榄油（C）中甾醇的气液色谱

3.7　结果表示

3.7.1　甾醇鉴定

通过测定相对保留时间（RRT）鉴别试样中的甾醇种类，相对保留时间（RRT）以待测甾醇的保留时间（RT）除以胆甾醇和（或）桦木醇的保留时间（RT）所得值表示。表3－3显示了用SE－54固定相分离时，不同甾醇相对于胆甾醇和桦木醇的相对保留时间。

注：表3－3中所列相对保留时间是在3.6.2（6）给定的条件下测得的，仅用于鉴别单个甾醇时参考，组分洗脱顺序如图3－3所示。由于相对保留时间取决于实验条件（气液色谱柱的类型和长度，升温程序，以及固定相的用量），真实的相对保留时间可能与表3－3中给的相对保留时间有略微偏差。

表3－3　单个甾醇的气液色谱峰鉴定和相对保留时间（固定相：SE－54）

峰	通用名	化学名，英文名	RRTC[a]	RRTB[b]
1	胆甾醇	胆甾基－5－烯－3β－醇，Cholest－5－en－3β－ol	1.00	0.44
2	胆甾烷醇	5α－胆甾烷基－3β－醇，5α－Cholestan－3β－ol	1.02	0.45
3	菜油甾醇	［24S］－24－甲基胆甾基－5，22－二烯－3β－醇，［24S］－24－Methyl cholesta－5，22－dien－3β－ol	1.09	0.48
4	24－亚甲基胆甾醇	24－亚甲基胆甾基－5，24－二烯－3β－醇，24－Methylene cholesta－5，24－dien－3β－ol	1.21	0.53
5	芸薹甾醇	［24R］－24－甲基胆甾基－5－烯－3β－醇，［24R］－24－Methyl cholesta－5－en－3β－ol	1.23	0.54
6	芸薹甾烷醇	［24R］－24－甲基胆甾烷基－5－3β－醇，［24R］－24－Methyl cholesta－5－en－3β－ol	1.25	0.55
7	豆甾醇	［24S］－24－乙基胆甾基－5，22－二烯－3β－醇，［24S］－24－Ethyl colesta－5，22－dien－β－ol	1.31	0.57
8	Δ7－芸薹甾烯醇	［24R］－24－甲基胆甾基－7－烯－3β－醇，［24R］－24－Methyl colest－7－en－3β－ol	1.38	0.59
9	Δ5，23－豆甾二烯醇	［24R，S］－24－乙基胆甾基－5，23－二烯－3β－醇，［24R，S］－24－Ethyl cholesta－5，23－dien－3β－ol	1.40	0.60
10	赤桐甾醇	［24S］－24－乙基胆甾基－5，25－二烯－3β－醇，［24S］－24－Ethyl cholesta－5，25－dien－3β－ol	1.42	0.62
11	谷甾醇	［24R］－24－乙基胆甾基－5－烯－3β－醇，［24R］－24－Ethyl cholest－5－en－3β－ol	1.47	0.64
12	谷甾烷醇	［24R］－24－乙基胆甾烷基－3β－醇，［24R］－24－Ethyl cholestan－3β－ol	1.50	0.65
13	Δ5－燕麦甾烯醇	［24Z］－24（28）－亚乙基胆甾基－5－烯－3β－醇，［24Z］－24（28）－Ethylidene cholest－5－en－3β－ol	1.52	0.66
14	Δ5，24－豆甾二烯醇	［24R，S］－24－乙基胆甾基－5，24－二烯－3β－醇，［24R，S］－24－Ethyl cholesta－5，24－dien－3β－ol	1.59	0.69
15	Δ7－豆甾烯醇	［24R，S］－24－乙基胆甾基－7－烯－3β－醇，［24R，S］－24－Etliyl choest－7－en－3β－ol	1.65	0.72

续表

峰	通用名	化学名，英文名	RRTC[a]	RRTB[b]
16	Δ7－燕麦甾烯醇	[24*Z*]－24（28）－亚乙基胆甾基－7－烯－3*β*－醇，[24*Z*]－24（28）－Ethylidene cholest－7－en－3*β*－ol	1.70	0.74
X	高根二醇	—	2.03	0.88
Y	熊果醇	—	2.17	0.95
17	桦木醇	Lup－20（29）－烯－3*β*，28－二醇，Lup－20[29]－ene－3*β*，28－diol	2.30	1.00

注：谷甾醇可能与α－菠菜甾醇和Δ7，22，25－豆甾三烯醇一同流出。葵花子和南瓜子的甾醇中的[24*R*]－24－乙基胆甾－7，25（27）－二烯－3*β*－醇可能与峰14（Δ5，24－豆甾二烯醇）一同流出。

[a]RRTC：相对于胆甾醇的相对保留时间＝1.00。

[b]RRTB：相对于桦木醇的相对保留时间＝1.00。

3.7.2 甾醇组分

甾醇组分含量通过峰面积按式（3.5）计算：

$$C_i = \frac{A_i}{\sum A} \times 100\% 。 \tag{3.5}$$

式中：

C_i——单一甾醇组分的含量（以质量分数表示）；

A_i——甾醇组分 i 的峰面积；

$\sum A$——所有甾醇组分（峰1至峰16）峰面积的和。

3.7.3 甾醇总量的测定

本方法假定所有甾醇和桦木醇的响应因子是相等的。

注：在给出的条件下，用氢火焰离子化检测器检测等量的甲基硅烷基化甾醇和甲基硅烷化桦木醇时可获得相同的响应值。

试样中甾醇总量（S）按式（3.6）计算：

$$S = \frac{\sum(A) \times m_B}{A_B \times m_T} \times 100\% 。 \tag{3.6}$$

式中：

S——试样中甾醇总量，以100 g油中含有的毫克数表示（mg/100 g）；

m_B——桦木醇的质量，单位为mg；

$\sum(A)$——单体甾醇峰面积的和；

A_B——桦木醇内标的峰面积；

m_T——试样的质量，单位为 g。

为了计算甾醇总量，应考虑除高根二醇和熊果醇（峰 X 和 Y）峰以外的从胆甾醇开始到 Δ7－燕麦甾烯醇结束（峰 16）的所有甾醇的峰。

3.8 精密度

3.8.1 重复性

在重复性条件下获得的两个独立测试结果的绝对差小于等于重复性限（r）的情况应大于 95%。

3.8.2 再现性

在再现性条件下获得的两个独立测试结果的绝对差小于等于再现性限（R）的情况应大于 95%。

4 植物油中豆甾二烯的测定方法（高效液相色谱法）[4]

4.1 适用范围

甾醇二烯是油脂漂白处理和水蒸气洗涤、脱臭过程中由甾醇类物质脱水形成的。本方法也适用于测定未精炼油如初榨橄榄油中是否存在精炼植物油的筛选方法。

注：ISO 15788－1 是植物油中豆甾二烯测定的基准方法，而本方法可作为一种快速筛选方法。其精密度可用 ISO 15788－1 规定的气液色谱法进行校验。对于初榨橄榄油样品，接近于国际组织（IOOC，EC）规定的限定值。

4.2 原理

在硅胶柱中用石油醚将甾醇二烯作为非极性脂类组分从脂类物质中分离出来，石油醚洗脱液经浓缩后，用反相高效液相色谱仪紫外检测器在 235 nm 处检测。按样品类别可采用内标法定量或外标法定量。

4.3 试剂

警告：应注意危险品操作规则，并遵循技术、组织和个人的安全操作规范。

除非另有说明外，均使用分析纯试剂。

4.3.1 水

符合国家标准规定的一级水标准要求。

4.3.2 柱层析用硅胶60

粒径0.063～0.200 mm，或0.063～0.100 mm，硅胶含水量2 g/100 g。硅胶置于瓷盘内，在烘箱中160 ℃烘干12 h，然后在干燥器内冷却至室温。调整硅胶含水量为2 g/100 g，称取98 g（精确至1 g）干燥后的硅胶置于具塞磨口锥形瓶中，加入2 g水（精确至0.01 g），用力振摇1 min，在密闭容器中过夜。

4.3.3 石油醚

沸程40～60 ℃。

4.3.4 乙腈（色谱纯）

4.3.5 叔丁基甲基醚（色谱纯）

4.3.6 异辛烷

4.3.7 Δ3，5－胆甾二烯（纯度>95%）

以5α－胆甾烷作为内标物测定胆甾二烯的纯度，按本书气相色谱法测定甾醇气相色谱条件操作，氢火焰离子化检测器的响应因子为1.0，应考虑到测定甾醇二烯时所用的浓度。

4.3.8 胆甾烷（纯度≥95%）

4.3.9 Δ3，5－胆甾二烯标准储备溶液和标准应用溶液

（1）Δ3，5－胆甾二烯储备液（浓度1 mg/mL）

称取Δ3，5－胆甾二烯50.0 mg（精确至0.1 mg）于50 mL容量瓶中，用叔丁基甲基醚溶解和稀释，并定容至刻度。

（2）Δ3，5－胆甾二烯标准应用溶液（用于液相色谱）

① 外标应用溶液（浓度10 μg/mL）。吸取100 μL Δ3，5－胆甾二烯溶液于10 mL容量瓶中，用乙腈－叔丁基甲基醚定容至刻度。每20 μL溶液中含有0.20 μg，作为高效液相色谱外标标准溶液。标准溶液的浓度取决于被分析油的种类。当初榨油中豆甾二烯含量小于0.5 mg/kg，外标溶液浓度应为0.2 μg/mL。

② 内标应用溶液（浓度 2 μg/mL）。吸取 100 μL Δ3，5－胆甾二烯溶液于 50 mL 容量瓶中，用石油醚稀释至刻度。标准溶液的浓度取决于被分析油的种类。当初榨油中豆甾二烯含量小于 0.5 mg/kg，内标溶液浓度为 0.2 μg/mL。

（3）5α－胆甾烷标准溶液（用于气相色谱，浓度 1 mg/mL）

称取 5α－胆甾烷 50.0 mg（精确至 0.1 mg）于 50 mL 容量瓶中，用异辛烷稀释至刻度。用该溶液标定 Δ3，5－胆甾二烯纯度时，操作如下：分别移取 1 mL 5α－胆甾烷标准溶液和 1 mL Δ3，5－胆甾二烯储备溶液于 10 mL 容量瓶中（分流进样）或于 50 mL 容量瓶中（柱头进样），并用异辛烷稀释至刻度。

（4）乙腈－叔丁基甲基醚

V（乙腈）$+V$（叔丁基甲基醚）$=1+1$。

（5）色谱流动相

V（乙腈）$+V$（叔丁基甲基醚）$=70+30$，脱气。

4.4 仪器设备

实验室常规仪器，以及下列的设备。

① 棉花或玻璃棉：棉花需用石油醚提取脱脂 8 h。

② 玻璃层析柱：内径 10 mm，长 150 mm，配有 25 mL 储液器。

③ 锥形瓶：容量 25 mL。

④ 容量瓶：容量 5 mL、10 mL、50 mL。

⑤ 烧杯：多种规格。

⑥ 高效液相色谱系统（HPLC）：包含高压泵、进样器（20 μL 和 100 μL 定量环）、紫外检测器（测定波长 235 nm）及积分系统。

⑦ 高效液相色谱柱：长 250 mm，内径 4.0 mm 或 4.6 mm，装有 RP18 型反相固定相，粒径 5 μm。

⑧ 自动进样小瓶：合适的容量。

⑨ 旋转蒸发器：具水浴装置。

4.5 试样制备

4.5.1 实验准备

测试前需去除油脂样品中的水分。如果需要，将约 5 g 样品快速加热到 100 ℃，然后离心去水。

层析柱底端放置小团棉花或玻璃棉，然后加入5 g 硅胶，并在木板上轻轻敲实。

4.5.2 外标法

称取试样约500 mg（精确至1 mg）于小烧杯中，用2 mL 石油醚溶解后，倒入打开活塞的层析柱中。每次用2 mL 石油醚冲洗烧杯两次，也倒入层析柱。当溶剂液面到达填料的顶部时，立即用20 mL 石油醚洗脱非极性物质，并收集于锥形瓶中。在旋转蒸发器上蒸干溶剂，用500 μL 乙腈 - 叔丁基甲基醚溶解残留物。

4.5.3 内标法

使用本方法时，应确保样品中不含Δ3，5 - 胆甾二烯（如精炼油）。称取样品约500 mg（精确至1 mg）于小烧杯中，加入1.0 mL Δ3，5 - 胆甾二烯内标应用液。用2 mL 石油醚溶解后倒入打开活塞的层析柱中。每次用2 mL石油醚冲洗烧杯两次，也倒入层析柱。当溶剂液面到达填料的顶部时，立即用20 mL石油醚洗脱非极性物质，并收集于锥形瓶中。在旋转蒸发器上蒸干溶剂，用500 μL 乙腈 - 叔丁基甲基醚溶解残留物。

4.6 操作步骤

4.6.1 高效液相色谱（HPLC）

推荐采用下列色谱条件：① 固定相：RP - 18，5 μm。② 色谱柱：长250 mm，内径4.6 mm。③ 流动相：乙腈 - 叔丁基甲基醚。④ 流速：1 mL/min。⑤ 进样量：20 ~ 100 μL（进样量取决于被测浓度的估计值）。⑥ 检测器：紫外检测器，235 nm。

4.6.2 甾醇二烯的鉴定

如表3 - 4 所示的相对保留时间进行色谱峰的鉴别（图3 - 4）。胆甾二烯作为参比物，其保留时间在20 ~ 25 min。

表3 - 4 甾醇衍生物的相对保留时间

甾醇衍生物	相对保留时间（RRT）
胆甾二烯	1.00
豆甾三烯	1.05
菜甾二烯	1.07
豆甾二烯	1.15

注：根据被测脂肪或油脂种类，有时希望进一步分析甾醇二烯和甾醇三烯的组分。可注入精炼油脂样品或自制豆甾二烯标准品进行峰的鉴定。在给定的色谱条件下，初榨油（未漂白的）的色谱上，甾醇二烯出峰位置上不会出现任何峰。

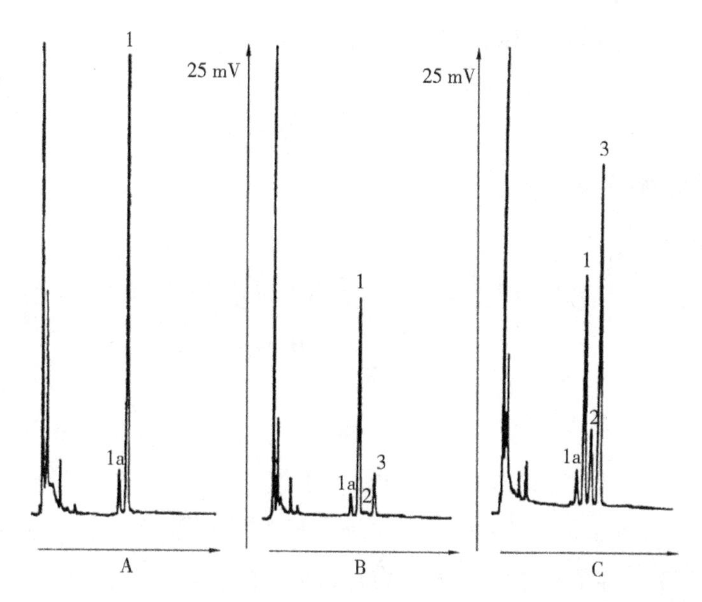

峰1a/1（17.5 min/203 min）—胆甾二烯；峰2（21.8 min）—芸薹甾二烯（主要为campestadiene）；峰3（23.6 min）—豆甾二烯。

图3－4　色谱示例

注：在有些色谱柱上峰1a和峰1不分开；色谱A为特级初榨橄榄油，未检出豆甾二烯；色谱B为含0.25 mg/kg豆甾二烯的橄榄油；色谱C为含0.25 mg/kg豆甾二烯的部分精炼植物油。

4.7　结果表示

4.7.1　外标法

按式（3.7）通过外标物胆甾二烯的量计算出豆甾二烯或甾醇二烯的含量：

$$\omega = \frac{A_S \times M}{A_C \times m} \times f。 \tag{3.7}$$

式中：

ω——样品中豆甾二烯或甾醇二烯的含量，单位为mg/kg；

A_S——3，5－豆甾二烯的峰面积或甾醇二烯的峰面积；

M——3，5－胆甾二烯（外标物）进样质量，单位为 μg；

A_C——3，5－胆甾二烯的峰面积（外标物，若它的峰分裂，则以面积总和计算，如图 3－4 所示）；

m——油脂试样的质量，单位为 g；

f——稀释因子（对于样品体积 500 μL 和进样体积 20 μL，$f=25$）。

所用的胆甾二烯的纯度需检测，当纯度不低于 95% 时，不需要进行校正；否则，必须校正。胆甾二烯和胆甾烷采用相同的响应系数。

测试结果保留两位小数。

4.7.2 内标法

按式（3.8）通过内标物含量计算豆甾二烯或甾醇二烯的含量：

$$\omega' = \frac{A'_S \times M'}{A'_C \times m'}。 \tag{3.8}$$

式中：

ω'——豆甾二烯或甾醇二烯的含量，单位为 mg/kg；

A'_S——3，5－豆甾二烯的峰面积或甾醇二烯的峰面积；

M'——3，5－胆甾二烯（内标物）进样质量，单位为 μg；

A'_C——3，5－胆甾二烯的峰面积（内标物，若它的峰分裂，则以面积总和计算，如图 3－4 所示）；

m'——油脂试样的质量，单位为 g。

所用的胆甾二烯的纯度需检测，当纯度不低于 95% 时，不需要进行校正，否则应校正。胆甾二烯和胆甾烷采用相同的响应系数。

测试结果保留两位小数。

4.8 精密度

4.8.1 重复性

在同一实验室，由同一操作者使用相同设备，按相同的测试方法，并在短时间内对同一被测对象获得的两次独立测定结果的绝对差值大于重复性限 r 值不超过 5%。

4.8.2 再现性

在不同实验室，由不同的操作者使用不同的设备，按相同的测试方法，对同一被测对象两次独立测定结果的绝对差值大于再现性限 R 值不超过 5%。

5　食用植物油中维生素 E 组分和含量的测定方法（高效液相色谱法）[5]

5.1　适用范围

本方法规定了食用植物油中维生素 E 组分和含量的测定方法。

本方法适用于食用植物油中维生素 E 组分和含量的测定。

本方法检出限分别为：α－VE 为 0.2 mg/kg；β－VE 为 0.2 mg/kg；γ－VE 为 0.1 mg/kg；δ－VE 为 0.1 mg/kg。

5.2　原理

样品皂化后，用无水乙醚提取不皂化物中的维生素 E，浓缩，高效液相色谱仪分离维生素 E，紫外检测器检测，外标法定量。

5.3　试剂

除非另有说明，均使用分析纯试剂和国家标准规定的二级水。

5.3.1　无水乙醚（不含有过氧化物）

用 5 mL 乙醚加 1 mL 10% 碘化钾溶液，振摇 1 min，水层呈黄色或加 4 滴 0.5% 淀粉溶液，水层呈蓝色，则无水乙醚中含有过氧化物。

5.3.2　无水乙醇（不含有醛类物质）

取 2 mL 银氨溶液于试管中，加入 0.5 mL 乙醇，摇匀，再加入氢氧化钠溶液，加热，放置冷却后，如有银镜反应则表示无水乙醇中含有醛类物质。

5.3.3　无水硫酸钠

5.3.4　甲醇（色谱纯）

5.3.5　抗坏血酸溶液

浓度为 100 g/L，现配现用。

5.3.6　氢氧化钾溶液

浓度为 1 g/L。

5.3.7　氢氧化钠溶液

浓度为 100 g/L。

5.3.8 硝酸银溶液

浓度为 50 g/L。

5.3.9 银氨溶液

① 检查方法：取 2 mL 银氨溶液于试管中，加入少量乙醇，摇匀，再加入氢氧化钠溶液，加热，放置冷却后，若有银镜反应则表示乙醇中有醛。

② 脱醛方法：取 2 g 硝酸银溶于少量水中。取 4 g 氢氧化钠溶于温乙醇中。将两者倾入 1 L 乙醇中，振摇后，放置暗处 2 d（不时摇动，促进反应），经过滤，置蒸馏瓶中蒸馏，弃去初蒸出的 50 mL。当乙醇中含醛较多时，硝酸银用量适当增加。

5.3.10 维生素 E 标准溶液

（1）维生素 E 标准溶液配制

用无水乙醇分别溶解 α - VE、β - VE、γ - VE、δ - VE 4 种维生素 E 标准品，使其浓度大约为 1 mg/mL。使用前用紫外分光光度计分别标定此 4 种维生素的浓度。

（2）维生素 E 标准溶液浓度的标定

取维生素 E 标准溶液若干微升，用无水乙醇分别稀释定量至 3.0 mL，按给定波长测定各维生素的吸光值，用比吸光系数计算出该维生素的浓度。标定条件如表 3 - 5 所示。

表 3 - 5 维生素 E 标准溶液浓度标定条件

标准物质	加入标样的量/μL	比吸光系数/ $E_{cm}^{1\%}$	波长/nm
α - VE	100.0	71	294
β - VE	100.0	91.6	296
γ - VE	100.0	92.8	298
δ - VE	100.0	91.2	298

维生素 E 标准溶液浓度（c_1）按式（3.9）计算：

$$c_1 = \frac{A}{E} \times \frac{1}{100} \times \frac{5}{V \times 10^{-3}} 。 \quad (3.9)$$

式中：

c_1——维生素标准溶液浓度的数值，单位为 g/mL；

A——维生素的平均紫外吸光值；

V——加入标准液体积的数值，单位为 μL；

E——某种维生素1%比吸光度数的数值；

$\frac{5}{V \times 10^{-3}}$——标准液稀释倍数。

5.4　仪器设备

① 实验室常用仪器设备。

② 电子天平，精度0.001 g。

③ 紫外分光光度计。

④ 高速离心机，5000 r/min。

⑤ 振荡摇床，120 r/min。

⑥ 高效液相色谱仪带紫外分光检测器。

⑦ Nova－pak C_{18}色谱柱（3.9 mm×150 mm）。

5.5　操作步骤

5.5.1　样品制备

将按规定扦样分样后的样品充分混合均匀，备用。

5.5.2　皂化

准确称取5 g试样于皂化瓶中，加30 mL无水乙醇，混匀。加5 mL抗坏血酸溶液（100 g/L），20 mL氢氧化钾溶液，置于振荡摇床皂化1 h。

5.5.3　提取

将皂化后的试样移入分液漏斗中，用50 mL水分2～3次洗皂化瓶，洗液并入分液漏斗中。用约50 mL乙醚分3次洗皂化瓶，乙醚液并入分液漏斗中。轻轻振摇分液漏斗2 min，静置分层，弃去水层。

5.5.4　洗涤

用约50 mL水洗涤分液漏斗的乙醚层，用pH试纸检验至水层不显碱性。

5.5.5　浓缩

将乙醚提取液过无水硫酸钠（约5 g），滤液至100 mL容量瓶中，用40 mL乙醚分3次冲洗分液漏斗及无水硫酸钠，并入容量瓶内，用乙醚定量，摇匀，取10 mL乙醚提取液于40℃水浴中氮气吹干，立即加入1 mL乙醇，充分混合，溶解提取物。

5.5.6　离心

将提取液转入离心管中，5000 r/min离心5 min，上清液供液相色谱检测。

5.5.7　高效液相色谱分析条件（参考条件）

① 流动相：V（甲醇）+V（水）=98+2，混匀，临用前脱气。

② 柱温：30 ℃。

③ 色谱柱：C_{18}反向柱。

④ 紫外检测波长：300 nm。

⑤ 进样量：10 μL。

5.5.8　维生素 E 的标准色谱（图 3-5）

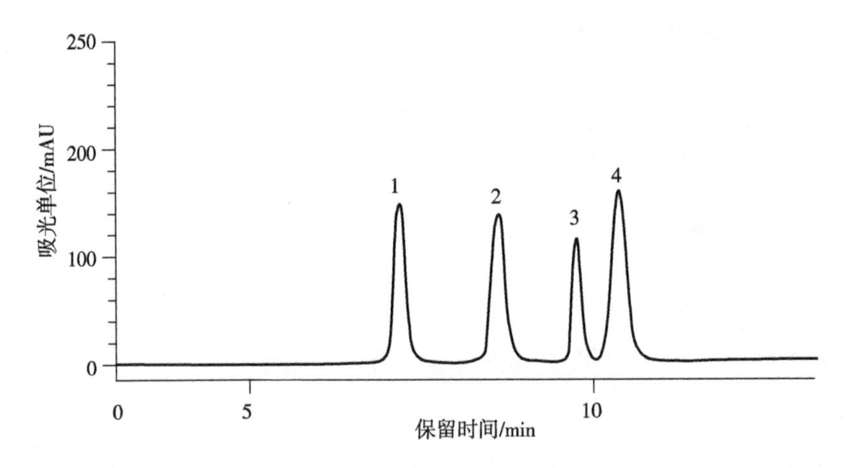

1—α-VE；2—β-VE；3—γ-VE；4—δ-VE。

图 3-5　维生素 E 的标准色谱

5.5.9　试样分析

① 定性：用标准物色谱峰的保留时间定性。

② 定量：计算样品色谱图中某维生素峰面积与其对应的标准物色谱峰面积的比值，根据标准曲线求其含量。

5.6　结果计算

维生素含量按式（3.10）计算：

$$X_i = \frac{C_i \times V \times n}{m}。\tag{3.10}$$

式中：

X_i——某种维生素含量的数值，单位为 mg/kg；

C_i——由标准曲线上查到某种维生素含量的数值，单位为 μg/mL；

V——样品浓缩定容体积的数值，单位为 mL；

n——稀释倍数；

m——样品质量的数值，单位为 g。

计算结果保留一位小数。

5.7 精密度

5.7.1 重复性

在重复性条件下获得的两次独立测定结果的绝对值不得超过算术平均值的10%，以大于这两个测定值的算术平均值的10%的情况不超过5%为前提。

5.7.2 再现性

在再现性条件下获得的两次独立测定结果的绝对值不得超过算术平均值的15%，以大于这两个测定值的算术平均值的15%的情况不超过5%为前提。

参考文献

[1] 中华人民共和国国家质量监督检验检疫总局，中国国家标准化管理委员会. 饲料添加剂 大豆磷脂：GB/T23878－2009 [S]. 北京：中国标准出版社，2009：1－5.

[2] 中华人民共和国国家卫生和计划生育委员会，国家食品药品监督管理总局. 食品安全国家标准 食品中磷脂酰胆碱、磷脂酰乙醇胺、磷脂酰肌醇的测定方法：GB 5009. 2－2016 [S]. 北京：中国标准出版社，2017：1－4.

[3] 中华人民共和国国家质量监督检验检疫总局，中国国家标准化管理委员会. 动植物油脂 甾醇组成和甾醇总量的测定 气相色谱法：GB /T 25223－2010/ISO 12228：1999 [S]. 北京：中国标准出版社，2011：1－7.

[4] 中华人民共和国国家质量监督检验检疫总局，中国国家标准化管理委员会. 动植物油脂 植物油中豆甾二烯的测定高效液相色谱法：GB / T25224. 2－2010/ISO 15788 －2：2003 [S]. 北京：中国标准出版社，2011：1－7.

[5] 中华人民共和国农业部. 食用植物油中维生素 E 组分和含量的测定 高效液相色谱法：NY/T 1598－2008 [S]. 北京：中国标准出版社，2008：1－4.

第四章 食品微生物学检测方法

1 菌落总数的测定方法[1]

1.1 适用范围

本方法规定了食品中菌落总数（aerobic plate count）的测定方法。

本方法适用于食品中菌落总数的测定。

1.2 术语和定义

菌落总数 食品检样经过处理，在一定条件下（如培养基、培养温度和培养时间等）培养后，所得每克（毫升）检样中形成的微生物菌落总数。

1.3 设备和材料

除微生物实验室常规灭菌及培养设备外，其他设备和材料如下。

① 恒温培养箱：(36 ± 1) ℃，(30 ± 1) ℃。

② 冰箱：2 ~ 5 ℃。

③ 恒温水浴箱：(46 ± 1) ℃。

④ 天平：感量为 0. 1 g。

⑤ 均质器。

⑥ 振荡器。

⑦ 无菌吸管：1 mL（具 0. 01 mL 刻度）、10 mL（具 0. 1 mL 刻度）或微量移液器及吸头。

⑧ 无菌锥形瓶：容量 250 mL、500 mL。

⑨ 无菌培养皿：直径 90 mm。

⑩ pH 计、pH 比色管或精密 pH 试纸。

⑪ 放大镜和（或）菌落计数器。

1.4　培养基和试剂

1.4.1　平板计数琼脂（PCA）培养基

（1）成分

① 胰蛋白胨：5.0 g。

② 酵母浸膏：2.5 g。

③ 葡萄糖：1.0 g。

④ 琼脂：15.0 g。

⑤ 蒸馏水：1000.0 mL。

（2）制法

将上述成分加于蒸馏水中，煮沸溶解，调节 pH 至（7.0 ±0.2）。分装试管或锥形瓶，121 ℃高压灭菌 15 min。

1.4.2　磷酸盐缓冲液

（1）成分

① 磷酸二氢钾（KH_2PO_4）：34.0 g。

② 蒸馏水：500.0 mL。

（2）制法

贮存液：称取 34.0 g 磷酸二氢钾溶于 500 mL 蒸馏水中，用大约175 mL 1 mol/L氢氧化钠溶液调节 pH 至 7.2，用蒸馏水稀释至 1000 mL 后储存于冰箱。

稀释液：取储存液 1.25 mL，用蒸馏水稀释至 1000 mL，分装于适宜容器中，121 ℃高压灭菌 15 min。

1.4.3　无菌生理盐水

（1）成分

① 氯化钠：8.5 g。

② 蒸馏水：1000.0 mL。

（2）制法

称取 8.5 g 氯化钠溶于 1000 mL 蒸馏水中，121 ℃高压灭菌 15 min。

1.5　检验程序

菌落总数的检验程序如图 4 – 1 所示。

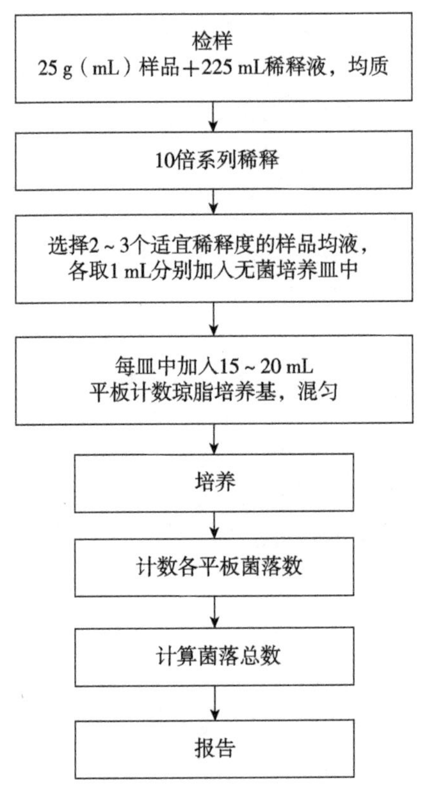

图 4－1　菌落总数的检验程序

1.6　操作步骤

1.6.1　样品的稀释

① 固体和半固体样品：称取 25 g 样品置盛有 225 mL 磷酸盐缓冲液或生理盐水的无菌均质杯内，8000～10 000 r/min 均质 1～2 min，或放入盛有 225 mL稀释液的无菌均质袋中，用拍击式均质器拍打 1～2 min，制成 1：10 的样品匀液。

② 液体样品：以无菌吸管吸取 25 mL 样品置盛有 225 mL 磷酸盐缓冲液或生理盐水的无菌锥形瓶（瓶内预置适当数量的无菌玻璃珠）中，充分混匀，制成 1：10 的样品匀液。

③ 用 1 mL 无菌吸管或微量移液器吸取 1：10 样品匀液 1 mL，沿管壁缓慢注于盛有 9 mL 稀释液的无菌试管中（注意吸管或吸头尖端不要触及稀释液面），振摇试管或换用一支无菌吸管反复吹打使其混合均匀，制成 1：100 的样品匀液。

④ 按③ 操作，制备 10 倍系列稀释样品匀液。每递增稀释 1 次，换用 1 次 1 mL 无菌吸管或吸头。

⑤ 根据对样品污染状况的估计，选择 2 ~ 3 个适宜稀释度的样品匀液（液体样品可包括原液），在进行 10 倍递增稀释时，吸取 1 mL 样品匀液于无菌平皿内，每个稀释度做两个平皿。同时，分别吸取 1 mL 空白稀释液加入两个无菌平皿内作空白对照。

⑥ 及时将 15 ~ 20 mL 冷却至 46 ℃ 的平板计数琼脂培养基［可放置于 (46 ± 1) ℃恒温水浴箱中保温］倾注平皿，并转动平皿使其混合均匀。

1.6.2 培养

① 待琼脂凝固后，将平板翻转，(36 ± 1) ℃ 培养 (48 ± 2) h。水产品 (30 ± 1) ℃培养（72 ± 3） h。

② 如果样品中可能含有在琼脂培养基表面弥漫生长的菌落时，可在凝固后的琼脂表面覆盖一薄层琼脂培养基（约 4 mL），凝固后翻转平板，按①条件进行培养。

1.6.3 菌落计数

① 可用肉眼观察，必要时用放大镜或菌落计数器，记录稀释倍数和相应的菌落数量。菌落计数以菌落形成单位（colony - forming units，CFU）表示。

② 选取菌落数 30 ~ 300 CFU、无蔓延菌落生长的平板计数菌落总数。小于 30 CFU 的平板记录具体菌落数，大于 300 CFU 的可记录为多不可计。每个稀释度的菌落数应采用两个平板的平均数。

③ 其中一个平板有较大片状菌落生长时，则不宜采用，而应以无片状菌落生长的平板作为该稀释度的菌落数；若片状菌落不到平板的一半，而其余一半中菌落分布又很均匀，即可计算半个平板后乘以 2，代表一个平板菌落数。

当平板上出现菌落间无明显界线的链状生长时，则将每条单链作为一个菌落计数。

1.7 结果与报告

1.7.1 菌落总数的计算方法

① 若只有一个稀释度平板上的菌落数在适宜计数范围内，计算两个平板菌落数的平均值，再将平均值乘以相应稀释倍数，作为每克（毫升）样品中菌落总数结果。

② 若有两个连续稀释度的平板菌落数在适宜计数范围内时，按式（4.1）

计算：

$$N = \frac{\sum C}{(n_1 + 0.1n_2)d} \text{。} \tag{4.1}$$

式中：

N——样品中菌落数；

$\sum C$——平板（含适宜范围菌落数的平板）菌落数之和；

n_1——第一稀释度（低稀释倍数）平板个数；

n_2——第二稀释度（高稀释倍数）平板个数；

d——稀释因子（第一稀释度）。

示例：

稀释度	1：100（第一稀释度）	1：1000（第二稀释度）
菌落数/CFU	232 244	3335

$$N = \frac{\sum C}{(n + 0.1n_2)d} = \frac{232 + 244 + 33 + 35}{[2 + (0.1 \times 2)] \times 10^{-2}} = \frac{544}{0.022} = 24\ 727 \text{。}$$

上述数据按1.7.2②数字修约后，表示为25 000或2.5×10^4。

③ 若所有稀释度的平板上菌落数均大于300 CFU，则对稀释度最高的平板进行计数，其他平板可记录为多不可计，结果按平均菌落数乘以最高稀释倍数计算。

④ 若所有稀释度的平板菌落数均小于30 CFU，则应按稀释度最低的平均菌落数乘以稀释倍数计算。

⑤ 若所有稀释度（包括液体样品原液）平板均无菌落生长，则以小于1乘以最低稀释倍数计算。

⑥ 若所有稀释度的平板菌落数均不在30～300 CFU，其中一部分小于30 CFU或大于300 CFU时，则以最接近30 CFU或300 CFU的平均菌落数乘以稀释倍数计算。

1.7.2 菌落总数的报告

① 菌落数小于100 CFU时，按“四舍五入”原则修约，以整数报告。

② 菌落数大于或等于100 CFU时，第3位数字按“四舍五入”原则修约后，取前两位数字，后面用“0”代替位数；也可用“10”的指数形式来表示，按“四舍五入”原则修约后，采用两位有效数字。

③ 若所有平板上为蔓延菌落而无法计数，则报告菌落蔓延。

④ 若空白对照上有菌落生长，则此次检测结果无效。

⑤ 称重取样以 CFU/g 为单位报告，体积取样以 CFU/mL 为单位报告。

2　大肠菌群计数[2]

2.1　适用范围

本方法规定了食品中大肠菌群（Coliforms）计数的方法。

本方法第一法适用于大肠菌群含量较低的食品中大肠菌群的计数；第二法适用于大肠菌群含量较高的食品中大肠菌群的计数。

2.2　术语和定义

2.2.1　大肠菌群（Coliforms）

在一定培养条件下能发酵乳糖、产酸产气的需氧和兼性厌氧革兰氏阴性无芽孢杆菌。

2.2.2　最可能数（most probable number，MPN）

基于泊松分布的一种间接计数方法。

2.3　检验原理

2.3.1　MPN 法

MPN 法是统计学和微生物学结合的一种定量检测法。待测样品经系列稀释并培养后，根据其未生长的最低稀释度与生长的最高稀释度，应用统计学概率论推算出待测样品中大肠菌群的最大可能数。

2.3.2　平板计数法

大肠菌群在固体培养基中发酵乳糖产酸，在指示剂的作用下形成可计数的红色或紫色，带有或不带有沉淀环的菌落。

2.4　设备和材料

除微生物实验室常规灭菌及培养设备外，其他设备和材料如下。

① 恒温培养箱：(36 ± 1)℃。

② 冰箱：(2 ~ 5)℃。

③ 恒温水浴箱：(46 ± 1)℃。

④ 天平：感量0.1 g。

⑤ 均质器。

⑥ 振荡器。

⑦ 无菌吸管：1 mL（具0.01 mL 刻度）、10 mL（具0.1 mL 刻度）或微量移液器及吸头。

⑧ 无菌锥形瓶：容量500 mL。

⑨ 无菌培养皿：直径90 mm。

⑩ pH 计、pH 比色管或精密 pH 试纸。

⑪ 菌落计数器。

2.5 培养基和试剂

2.5.1 月桂基硫酸盐胰蛋白胨（lauryl sulfate tryptose，LST）肉汤

（1）成分

① 胰蛋白胨或胰酪胨：20.0 g。

② 氯化钠：5.0 g。

③ 乳糖：5.0 g。

④ 磷酸氢二钾（K_2HPO_4）：2.75 g。

⑤ 磷酸二氢钾（KH_2PO_4）：2.75 g。

⑥ 月桂基硫酸钠：0.1 g。

⑦ 蒸馏水：1000.0 mL。

（2）制法

将上述成分溶解于蒸馏水中，调节 pH 至（6.8 ±0.2）。分装到有玻璃小倒管的试管中，每管10 mL。121 ℃高压灭菌15 min。

2.5.2 煌绿乳糖胆盐（brilliant green lactose bile，BGLB）肉汤

（1）成分

① 蛋白胨：10.0 g。

② 乳糖：10.0 g。

③ 牛胆粉（oxgall 或 oxbile）溶液：200.0 mL。

④ 0.1%煌绿水溶液：13.3 mL。

⑤ 蒸馏水：800.0 mL。

（2）制法

将蛋白胨、乳糖溶于约500 mL 蒸馏水中，加入牛胆粉溶液200 mL（将

20.0 g 脱水牛胆粉溶于 200 mL 蒸馏水中，调节 pH 至 7.0 ~ 7.5），用蒸馏水稀释到 975 mL，调节 pH 至（7.2 ±0.1），再加入 0.1%煌绿水溶液 13.3 mL，用蒸馏水补足到 1000 mL，用棉花过滤后，分装到有玻璃小倒管的试管中，每管 10 mL。121 ℃高压灭菌 15 min。

2.5.3　结晶紫中性红胆盐琼脂（violet red bile agar，VRBA）

（1）成分

① 蛋白胨：7.0 g。

② 酵母膏：3.0 g。

③ 乳糖：10.0 g。

④ 氯化钠：5.0 g。

⑤ 胆盐或 3 号胆盐：1.5 g。

⑥ 中性红：0.03 g。

⑦ 结晶紫：0.002 g。

⑧ 琼脂：15 ~ 18 g。

⑨ 蒸馏水：1000.0 mL。

（2）制法

将上述成分溶于蒸馏水中，静置几分钟，充分搅拌，调节 pH 至(7.4 ±0.1)。煮沸 2 min，将培养基融化并恒温至 45 ~ 50 ℃倾注平板。使用前临时制备，不得超过 3 h。

2.5.4　无菌磷酸盐缓冲液

（1）成分

① 磷酸二氢钾（KH_2PO_4）：34.0 g。

② 蒸馏水：500.0 mL。

（2）制法

储存液：称取 34.0 g 磷酸二氢钾溶于 500 mL 蒸馏水中，用大约 175 mL 1 mol/L氢氧化钠溶液调节 pH 至（7.2 ±0.2），用蒸馏水稀释至 1000 mL 后储存于冰箱。

稀释液：取储存液 1.25 mL，用蒸馏水稀释至 1000 mL，分装于适宜容器中，121 ℃高压灭菌 15 min。

2.5.5　无菌生理盐水

（1）成分

① 氯化钠：8.5 g。

② 蒸馏水：1000.0 mL。

（2）制法

称取 8.5 g 氯化钠溶于 1000 mL 蒸馏水中，121 ℃高压灭菌 15 min。

2.5.6 1 mol/L NaOH 溶液

（1）成分

① NaOH：40.0 g。

② 蒸馏水：1000.0 mL。

（2）制法

称取 40 g 氢氧化钠溶于 1000 mL 无菌蒸馏水中。

2.5.7 1 mol/L HCl 溶液

（1）成分

① HCl：90.0 mL。

② 蒸馏水：1000.0 mL。

（2）制法

移取浓盐酸 90 mL，用无菌蒸馏水稀释至 1000 mL。

2.6 第一法 大肠菌群 MPN 计数法

2.6.1 检验程序

大肠菌群 MPN 计数的检验程序如图 4－2 所示。

2.6.2 操作步骤

（1）样品的稀释

① 固体和半固体样品：称取 25 g 样品，放入盛有 225 mL 磷酸盐缓冲液或生理盐水的无菌均质杯内，8000～10 000 r/min 均质 1～2 min，或放入盛有 225 mL 磷酸盐缓冲液或生理盐水的无菌均质袋中，用拍击式均质器拍打 1～2 min，制成 1∶10 的样品匀液。

② 液体样品：以无菌吸管吸取 25 mL 样品置盛有 225 mL 磷酸盐缓冲液或生理盐水的无菌锥形瓶（瓶内预置适当数量的无菌玻璃珠）或其他无菌容器中充分振摇或置于机械振荡器中振摇，充分混匀，制成 1∶10 的样品匀液。

③ 样品匀液的 pH 应为 6.5～7.5，必要时分别用 1 mol/L NaOH 或 1 mol/L HCl调节。

④ 用 1 mL 无菌吸管或微量移液器吸取 1∶10 样品匀液 1 mL，沿管壁缓

缓注入 9 mL 磷酸盐缓冲液或生理盐水的无菌试管中（注意吸管或吸头尖端不要触及稀释液面），振摇试管或换用一支 1 mL 无菌吸管反复吹打，使其混合均匀，制成 1∶100 的样品匀液。

根据对样品污染状况的估计，按上述操作，依次制成 10 倍递增系列稀释样品匀液。每递增稀释 1 次，换用一支 1 mL 无菌吸管或吸头。从制备样品匀液至样品接种完毕，全过程不得超过 15 min。

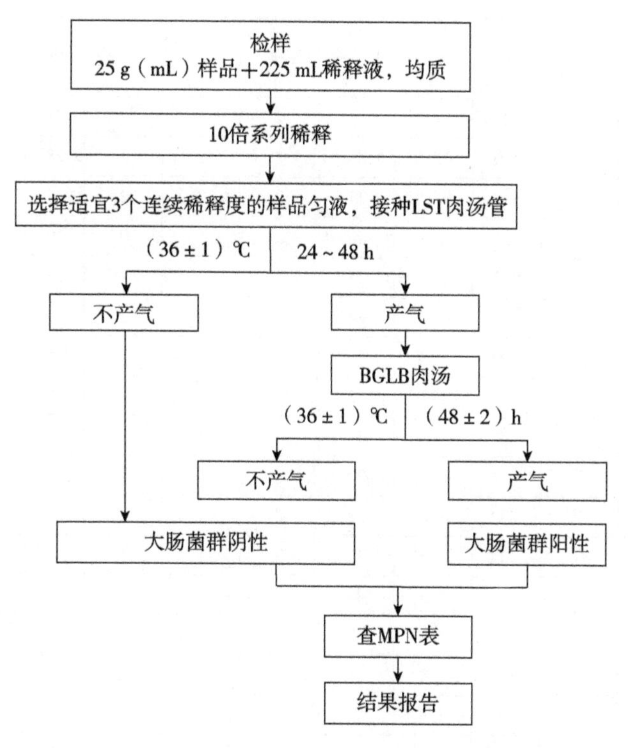

图 4－2　大肠菌群 MPN 计数法检验程序

（2）初发酵试验

每个样品，选择 3 个适宜的连续稀释度的样品匀液（液体样品可以选择原液），每个稀释度接种 3 管月桂基硫酸盐胰蛋白胨（LST）肉汤，每管接种 1 mL（如接种量超过 1 mL，则用双料 LST 肉汤），(36±1)℃ 培养(24±2) h，观察倒管内是否有气泡产生，(24±2)h 产气者进行复发酵试验（证实试验），如未产气则继续培养至(48±2)h，产气者进行复发酵试验。未产气者为大肠菌群阴性。

（3）复发酵试验（证实试验）

用接种环从产气的 LST 肉汤管中分别取培养物 1 环，移种于煌绿乳糖胆盐肉汤（BGLB）管中，(36±1)℃培养（48±2)h，观察产气情况。产气者为大肠菌群阳性。

（4）大肠菌群最可能数（MPN）的报告

按（3）确证的大肠菌群 BGLB 阳性管数，检索 MPN（表4－1），报告每克（毫升）样品中大肠菌群的 MPN 值。

表4－1　大肠菌群最可能数（MPN）检索

阳性管数			MPN	95%可信限		阳性管数			MPN	95%可信限	
0.10	0.01	0.001		下限	上限	0.10	0.01	0.001		下限	上限
0	0	0	<3.0	—	9.5	2	2	0	21	4.5	42
0	0	1	3.0	0.15	9.6	2	2	1	28	8.7	94
0	1	0	3.0	0.15	11	2	2	2	35	8.7	94
0	1	1	6.1	1.2	18	2	3	0	29	8.7	94
0	2	0	6.2	1.2	18	2	3	1	36	8.7	94
0	3	0	9.4	3.6	38	3	0	0	23	4.6	94
1	0	0	3.6	0.17	18	3	0	1	38	8.7	110
1	0	1	7.2	1.3	18	3	0	2	64	17	180
1	0	2	11	3.6	38	3	1	0	43	9	180
1	1	0	7.4	1.3	20	3	1	1	75	17	200
1	1	1	11	3.6	38	3	1	2	120	37	420
1	2	0	11	3.6	42	3	1	3	160	40	420
1	2	1	15	4.5	42	3	2	0	93	18	420
1	3	0	16	4.5	42	3	2	1	150	37	420
2	0	0	9.2	1.4	38	3	2	2	210	40	430
2	0	1	14	3.6	42	3	2	3	290	90	1000
2	0	2	20	4.5	42	3	3	0	240	42	1000
2	1	0	15	3.7	42	3	3	1	460	90	2000
2	1	1	20	4.5	42	3	3	2	1100	180	4100
2	1	2	27	8.7	94	3	3	3	>1100	420	—

注1：本表采用3个稀释度［0.1 g（mL）、0.01 g（mL）、0.001 g（mL）］，每个稀释度接种3管。

注2：表内所列检样量如改用1 g（mL）、0.1g（mL）和0.01 g（mL）时，表内数字应相应降低10倍；如改用0.01 g（mL）、0.001 g（mL）和0.0001 g（mL）时，则表内数字应相应增高10倍，其余类推。

2.7 第二法 大肠菌群平板计数法

2.7.1 检验程序

大肠菌群平板计数法的检验程序如图 4－3 所示。

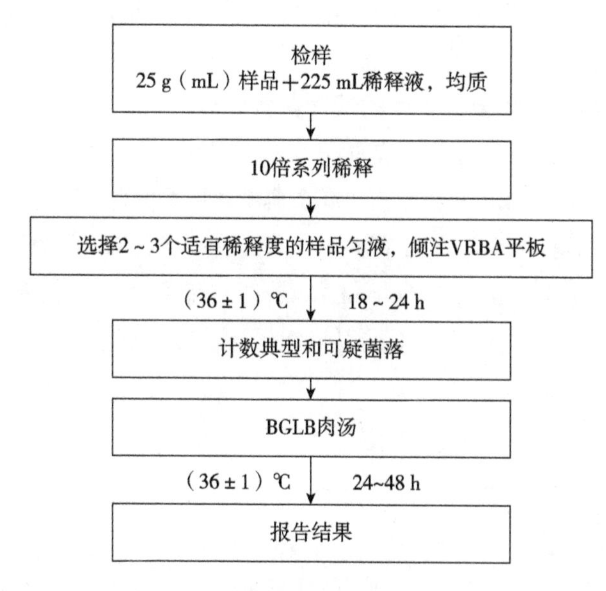

图 4－3 大肠菌群平板计数法检验程序

2.7.2 操作步骤

（1）样品的稀释

按 2.6.2（1）进行。

（2）平板计数

① 选取 2～3 个适宜的连续稀释度，每个稀释度接种 2 个无菌平皿，每皿 1 mL。同时取 1 mL 生理盐水加入无菌平皿作空白对照。

② 及时将 15～20 mL 融化并恒温至 46 ℃ 的结晶紫中性红胆盐琼脂（VRBA）约倾注于每个平皿中。小心旋转平皿，将培养基与样液充分混匀，待琼脂凝固后，再加 3～4 mL VRBA 覆盖平板表层。翻转平板，置于（36±1）℃培养 18～24 h。

（3）平板菌落数的选择

选取菌落数 15～150 CFU 的平板，分别计数平板上出现的典型和可疑大肠菌群菌落（如菌落直径较典型菌落小）。典型菌落为紫红色，菌落周围有红色的胆盐沉淀环，菌落直径为 0.5 mm 或更大，最低稀释度平板低于

15 CFU的记录具体菌落数。

（4）证实试验

从VRBA平板上挑取10个不同类型的典型和可疑菌落，少于10个菌落的挑取全部典型和可疑菌落。分别移种于BGLB肉汤管内，(36±1)℃培养24~48 h，观察产气情况。凡BGLB肉汤管产气，即可报告为大肠菌群阳性。

（5）大肠菌群平板计数的报告

经最后证实为大肠菌群阳性的试管比例乘以2.7.2（3）中计数的平板菌落数，再乘以稀释倍数，即为每克（毫升）样品中大肠菌群数。例如，10^{-4}样品稀释液1 mL，在VRBA平板上有100个典型和可疑菌落，挑取其中10个接种BGLB肉汤管，证实有6个阳性管，则该样品的大肠菌群数为：$100\times6/10\times10^4$/g（mL）$=6.0\times10^5$ CFU/g（mL）。若所有稀释度（包括液体样品原液）平板均无菌落生长，则以小于1乘以最低稀释倍数计算。

3　沙门氏菌检验[3]

3.1　适用范围

本方法规定了食品中沙门氏菌（*Salmonella*）的检验方法。

本方法适用于食品中沙门氏菌的检验。

3.2　设备和材料

除微生物实验室常规灭菌及培养设备外，其他设备和材料如下。

① 冰箱：2~5 ℃。

② 恒温培养箱：(36±1)℃，(42±1)℃。

③ 均质器。

④ 振荡器。

⑤ 电子天平：感量0.1 g。

⑥ 无菌锥形瓶：容量500 mL，250 mL。

⑦ 无菌吸管：1 mL（具0.01 mL刻度）、10 mL（具0.1 mL刻度）或微量移液器及吸头。

⑧ 无菌培养皿：直径60 mm，90 mm。

⑨ 无菌试管：3 mm×50 mm、10 mm×75 mm。

⑩ pH计、pH比色管或精密pH试纸。

⑪ 全自动微生物生化鉴定系统。

⑫ 无菌毛细管。

3.3　培养基和试剂

3.3.1　缓冲蛋白胨水（BPW）

（1）成分

① 蛋白胨：10.0 g。

② 氯化钠：5.0 g。

③ 磷酸氢二钠（含12个结晶水）：9.0 g。

④ 磷酸二氢钾：1.5 g。

⑤ 蒸馏水：1000.0 mL。

（2）制法

将各成分加入蒸馏水中，搅拌均匀，静置约10 min，煮沸溶解，调节pH至（7.2±0.2），121 ℃高压灭菌15 min。

3.3.2　四硫磺酸钠煌绿（TTB）增菌液

（1）基础液

① 蛋白胨：10.0 g。

② 牛肉膏：5.0 g。

③ 氯化钠：3.0 g。

④ 碳酸钙：45.0 g。

⑤ 蒸馏水：1000.0 mL。

除碳酸钙外，将各成分加入蒸馏水中，煮沸溶解，再加入碳酸钙，调节pH至（7.0±0.2），121 ℃高压灭菌20 min。

（2）硫代硫酸钠溶液

① 硫代硫酸钠（含5个结晶水）：50.0 g。

② 蒸馏水加至100 mL。

③ 121 ℃高压灭菌20 min。

（3）碘溶液

① 碘片：20.0 g。

② 碘化钾：25.0 g。

③ 蒸馏水加至100 mL。

将碘化钾充分溶解于少量的蒸馏水中，再投入碘片，振摇玻瓶至碘片全部溶解为止，然后加蒸馏水至规定的总量，储存于棕色瓶内，塞紧瓶盖备用。

（4）0.5%煌绿水溶液

① 煌绿：0.5 g。

② 蒸馏水：100.0 mL。

③ 溶解后，存放暗处，不少于1 d，使其自然灭菌。

（5）牛胆盐溶液

① 牛胆盐：10.0 g。

② 蒸馏水：100.0 mL。

③ 加热煮沸至完全溶解，121 ℃高压灭菌20 min。

（6）制法

① 基础液：900.0 mL。

② 硫代硫酸钠溶液：100.0 mL。

③ 碘溶液：20.0 mL。

④ 煌绿水溶液：2.0 mL。

⑤ 牛胆盐溶液：50.0 mL。

临用前，按上述顺序，以无菌操作依次加入基础液中，每加入一种成分，均应摇匀后再加入另一种成分。

3.3.3 亚硒酸盐胱氨酸（SC）增菌液

（1）成分

① 蛋白胨：5.0 g。

② 乳糖：4.0 g。

③ 磷酸氢二钠：10.0 g。

④ 亚硒酸氢钠：4.0 g。

⑤ *L*－胱氨酸：0.01 g。

⑥ 蒸馏水：1000.0 mL。

（2）制法

除亚硒酸氢钠和 *L*－胱氨酸外，将各成分加入蒸馏水中，煮沸溶解，冷却至55 ℃以下，以无菌操作加入亚硒酸氢钠和1 g/L *L*－胱氨酸溶液10 mL（称取0.1 g *L*－胱氨酸，加1 mol/L氢氧化钠溶液15 mL，使溶解，再加无菌蒸馏水至100 mL即成，如为 *DL*－胱氨酸，用量应加倍）。摇匀，调节pH至（7.0 ±0.2）。

3.3.4　亚硫酸铋（BS）琼脂

（1）成分

① 蛋白胨：10.0 g。

② 牛肉膏：5.0 g。

③ 葡萄糖：5.0 g。

④ 硫酸亚铁：0.3 g。

⑤ 磷酸氢二钠：4.0 g。

⑥ 煌绿：0.025 g 或 5.0 g/L 水溶液 5.0 mL。

⑦ 柠檬酸铋铵：2.0 g。

⑧ 亚硫酸钠：6.0 g。

⑨ 琼脂：18.0～20.0 g。

⑩ 蒸馏水：1000.0 mL。

（2）制法

将前 3 种成分加入 300 mL 蒸馏水（制作基础液），硫酸亚铁和磷酸氢二钠分别加入 20 mL 和 30 mL 蒸馏水中，柠檬酸铋铵和亚硫酸钠分别加入另一 20 mL 和 30 mL 蒸馏水中，琼脂加入 600 mL 蒸馏水中。然后分别搅拌均匀，煮沸溶解。冷却至 80 ℃左右时，先将硫酸亚铁和磷酸氢二钠混匀，倒入基础液中，混匀。将柠檬酸铋铵和亚硫酸钠混匀，倒入基础液中，再混匀。调节 pH 至（7.5±0.2），随即倾入琼脂液中，混合均匀，冷却至 50～55 ℃。加入煌绿溶液，充分混匀后立即倾注平皿。

注：本培养基不需要高压灭菌，在制备过程中不宜过分加热，避免降低其选择性，储于室温暗处，超过 48 h 会降低其选择性，本培养基宜于当天制备，第二天使用。

3.3.5　HE 琼脂

（1）成分

① 蛋白胨：12.0 g。

② 牛肉膏：3.0 g。

③ 乳糖：12.0 g。

④ 蔗糖：12.0 g。

⑤ 水杨素：2.0 g。

⑥ 胆盐：20.0 g。

⑦ 氯化钠：5.0 g。

⑧ 琼脂：18.0～20.0 g。

⑨ 蒸馏水：1000.0 mL。

⑩ 0.4%溴麝香草酚蓝溶液：16.0 mL。

⑪ Andrade 指示剂：20.0 mL。

⑫ 甲液：20.0 mL。

⑬ 乙液：20.0 mL。

（2）制法

将前面7种成分溶解于400 mL蒸馏水内作为基础液；将琼脂加入600 mL蒸馏水内。然后分别搅拌均匀，煮沸溶解。加入甲液和乙液于基础液内，调节pH至（7.5±0.2）。再加入指示剂，并与琼脂液合并，待冷却至50～55 ℃倾注平皿。

注：① 本培养基不需要高压灭菌，在制备过程中不宜过分加热，避免降低其选择性。

② 甲液的配制。a. 硫代硫酸钠：34.0 g；b. 枸橼酸铁铵：4.0 g；c. 蒸馏水：100.0 mL。

③ 乙液的配制。a. 去氧胆酸钠：10.0 g；b. 蒸馏水：100.0 mL。

④ Andrade 指示剂。a. 酸性复红：0.5 g；b. 1 mol/L 氢氧化钠溶液：16.0 mL；c. 蒸馏水：100.0 mL。

将复红溶解于蒸馏水中，加入氢氧化钠溶液。数小时后如复红褪色不全，再加氢氧化钠溶液1～2 mL。

3.3.6 木糖赖氨酸脱氧胆盐（XLD）琼脂

（1）成分

① 酵母膏：3.0 g。

② *L*－赖氨酸：5.0 g。

③ 木糖：3.75 g。

④ 乳糖：7.5 g。

⑤ 蔗糖：7.5 g。

⑥ 去氧胆酸钠：2.5 g。

⑦ 枸橼酸铁铵：0.8 g。

⑧ 硫代硫酸钠：6.8 g。

⑨ 氯化钠：5.0 g。

⑩ 琼脂：15.0 g。

⑪ 酚红：0.08 g。

⑫ 蒸馏水：1000.0 mL。

（2）制法

除酚红和琼脂外，将其他成分加入 400 mL 蒸馏水中，煮沸溶解，调节 pH 至（7.4 ±0.2）。另将琼脂加入 600 mL 蒸馏水中，煮沸溶解。

将上述两溶液混合均匀后，再加入指示剂，待冷却至 50 ~ 55 ℃倾注平皿。

注：本培养基不需要高压灭菌，在制备过程中不宜过分加热，避免降低其选择性，室温储存于暗处。本培养基宜于当天制备，第二天使用。

3.3.7　沙门氏菌属显色培养基

3.3.8　三糖铁（TSI）琼脂

（1）成分

① 蛋白胨：20.0 g。

② 牛肉膏：5.0 g。

③ 乳糖：10.0 g。

④ 蔗糖：10.0 g。

⑤ 葡萄糖：1.0 g。

⑥ 硫酸亚铁铵（含 6 个结晶水）：0.2 g。

⑦ 酚红：0.025 g 或 5.0 g/L 溶液 5.0 mL。

⑧ 氯化钠：5.0 g。

⑨ 硫代硫酸钠：0.2 g。

⑩ 琼脂：12.0 g。

⑪ 蒸馏水：1000.0 mL。

（2）制法

除酚红和琼脂外，将其他成分加入 400 mL 蒸馏水中，煮沸溶解，调节 pH 至（7.4 ±0.2）。另将琼脂加入 600 mL 蒸馏水中，煮沸溶解。

将上述两溶液混合均匀后，再加入指示剂，混匀，分装试管，每管 2 ~4 mL，高压灭菌，121 ℃ 10 min 或 115 ℃ 15 min，灭菌后制成高层斜面，呈橘红色。

3.3.9　蛋白胨水、靛基质试剂

（1）蛋白胨水

① 蛋白胨（或胰蛋白胨）：20.0 g。

② 氯化钠：5.0 g。

③ 蒸馏水：1000.0 mL。

将上述成分加入蒸馏水中，煮沸溶解，调节 pH 至（7.4 ±0.2），分装小试管，121 ℃高压灭菌 15 min。

（2）靛基质试剂

① 柯凡克试剂：将 5 g 对二甲氨基甲醛溶解于 75 mL 戊醇中，然后缓慢加入浓盐酸 25 mL。

② 欧－波试剂：将 1 g 对二甲氨基苯甲醛溶解于 95 mL 95% 乙醇内，然后缓慢加入浓盐酸 20 mL。

（3）试验方法

挑取少量培养物接种，在（36 ±1）℃培养 1 ~2 d，必要时可培养 4 ~5 d。加入柯凡克试剂约 0.5 mL，轻摇试管，阳性者于试剂层呈深红色；或加入欧－波试剂约 0.5 mL，沿管壁流下，覆盖于培养液表面，阳性者于液面接触处呈玫瑰红色。

注：蛋白胨中应含有丰富的色氨酸。每批蛋白胨买来后，应先用已知菌种鉴定后方可使用。

3.3.10 尿素琼脂（pH 7.2）

（1）成分

① 蛋白胨：1.0 g。

② 氯化钠：5.0 g。

③ 葡萄糖：1.0 g。

④ 磷酸二氢钾：2.0 g。

⑤ 0.4% 酚红：3.0 mL。

⑥ 琼脂：20.0 g。

⑦ 蒸馏水：1000.0 mL。

⑧ 20% 尿素溶液：100.0 mL。

（2）制法

除尿素、琼脂和酚红外，将其他成分加入 400 mL 蒸馏水中，煮沸溶解，调节 pH 至（7.2 ±0.2）。另将琼脂加入 600 mL 蒸馏水中，煮沸溶解。

将上述两溶液混合均匀后，再加入指示剂后分装，121 ℃高压灭菌 15 min。冷却至 50 ~55 ℃，加入经除菌过滤的尿素溶液。尿素的最终浓度为 2%。分装于无菌试管内，放成斜面备用。

（3）试验方法

挑取琼脂培养物接种，在（36±1）℃培养24 h，观察结果。尿素酶阳性者由于产碱而使培养基变为红色。

3.3.11 氰化钾（KCN）培养基

（1）成分

① 蛋白胨：10.0 g。

② 氯化钠：5.0 g。

③ 磷酸二氢钾：0.225 g。

④ 磷酸氢二钠：5.64 g。

⑤ 蒸馏水：1000.0 mL。

⑥ 0.5%氰化钾：20.0 mL。

（2）制法

将除氰化钾以外的成分加入蒸馏水中，煮沸溶解，分装后121 ℃高压灭菌15 min。放在冰箱内使其充分冷却。每100 mL培养基加入0.5%氰化钾溶液2.0 mL（最后浓度为1∶10 000），分装于无菌试管内，每管约4 mL，立刻用无菌橡皮塞塞紧，放在4 ℃冰箱内，至少可保存两个月。同时，将不加氰化钾的培养基作为对照培养基，分装试管备用。

（3）试验方法

将琼脂培养物接种于蛋白胨水内成为稀释菌液，挑取1环接种于氰化钾（KCN）培养基，并另挑取1环接种于对照培养基。在（36±1）℃培养1~2 d，观察结果。如有细菌生长即为阳性（不抑制），经2 d细菌不生长为阴性（抑制）。

注：氰化钾是剧毒药，使用时应小心，切勿沾染，以免中毒。夏天分装培养基应在冰箱内进行。试验失败的主要原因是封口不严，氰化钾逐渐分解，产生氢氰酸气体逸出，以致药物浓度降低，细菌生长，因而造成假阳性反应。试验时对每一环节都要特别注意。

3.3.12 赖氨酸脱羧酶试验培养基

（1）成分

① 蛋白胨：5.0 g。

② 酵母浸膏：3.0 g。

③ 葡萄糖：1.0 g。

④ 蒸馏水：1000.0 mL。

⑤ 1.6%溴甲酚紫－乙醇溶液：1.0 mL。

⑥ *L* – 赖氨酸或 *DL* – 赖氨酸：0. 5 g/100 mL 或 1. 0 g/100 mL。

（2）制法

除赖氨酸以外的成分加热溶解后，分装每瓶 100 mL，分别加入赖氨酸。*L* – 赖氨酸按 0. 5% 加入，*DL* – 赖氨酸按 1% 加入。调节 pH 至（6. 8 ±0. 2）。对照培养基不加赖氨酸。分装于无菌的小试管内，每管 0. 5 mL，上面滴加一层液状石蜡，115 ℃高压灭菌 10 min。

（3）试验方法

从琼脂斜面上挑取培养物接种，于（36 ±1）℃培养 18 ~24 h，观察结果。氨基酸脱羧酶阳性者由于产碱，培养基应呈紫色。阴性者无碱性产物，但因葡萄糖产酸而使培养基变为黄色。对照管应为黄色。

3. 3. 13 糖发酵管

（1）成分

① 牛肉膏：5. 0 g。

② 蛋白胨：10. 0 g。

③ 氯化钠：3. 0 g。

④ 磷酸氢二钠（含 12 个结晶水）：2. 0 g。

⑤ 0. 2% 溴麝香草酚蓝溶液：12. 0 mL。

⑥ 蒸馏水：1000. 0 mL。

（2）制法

① 葡萄糖发酵管按上述成分配好后，调节 pH 至（7. 4 ±0. 2）。按 0. 5% 加入葡萄糖，分装于有一个倒置小管的小试管内，121 ℃高压灭菌 15 min。

② 其他各种糖发酵管可按上述成分配好后，分装每瓶 100 mL，121℃高压灭菌 15 min。另将各种糖类分别配好 10% 溶液，同时高压灭菌。将 5 mL 糖溶液加入于 100 mL 培养基内，以无菌操作分装小试管。

注：蔗糖不纯，加热后会自行水解者，应采用过滤法除菌。

（3）试验方法

从琼脂斜面上挑取少量培养物接种，于（36 ±1）℃培养，一般 2 ~3 d。迟缓反应需观察 14 ~30 d。

3. 3. 14 邻硝基酚 *β* – *D* 半乳糖苷（ONPG）培养基

（1）成分

① 邻硝基酚 *β* – *D* 半乳糖苷（ONPG）（O – Nitrophenyl – *β* – *D* – galacto-pyranoside）：60. 0 mg。

② 0.01 mol/L 磷酸钠缓冲液（pH 7.5）：10.0 mL。

③ 1%蛋白胨水（pH 7.5）：30.0 mL。

（2）制法

将 ONPG 溶于缓冲液内，加入蛋白胨水，以过滤法除菌，分装于无菌的小试管内，每管 0.5 mL，用橡皮塞塞紧。

（3）试验方法

自琼脂斜面上挑取培养物 1 满环接种，于（36 ±1）℃培养 1 ~3 h 和 24 h 观察结果。如果 β – 半乳糖苷酶产生，则于 1 ~3 h 变黄色，如无此酶则 24 h 不变色。

3.3.15　半固体琼脂

（1）成分

① 牛肉膏：0.3 g。

② 蛋白胨：1.0 g。

③ 氯化钠：0.5 g。

④ 琼脂：0.35 ~0.4 g。

⑤ 蒸馏水：100.0 mL。

（2）制法

按以上成分配好，煮沸溶解，调节 pH 至（7.4 ±0.2）。分装小试管。121 ℃高压灭菌 15 min。直立凝固备用。

注：供动力观察、菌种保存、H 抗原位相变异试验等用。

3.3.16　丙二酸钠培养基

（1）成分

① 酵母浸膏：1.0 g。

② 硫酸铵：2.0 g。

③ 磷酸氢二钾：0.6 g。

④ 磷酸二氢钾：0.4 g。

⑤ 氯化钠：2.0 g。

⑥ 丙二酸钠：3.0 g。

⑦ 0.2%溴麝香草酚蓝溶液：12.0 mL。

⑧ 蒸馏水：1000.0 mL。

（2）制法

除指示剂以外的成分溶解于水，调节 pH 至（6.8 ±0.2），再加入指示剂，分装试管，121 ℃高压灭菌 15 min。

(3) 试验方法

用新鲜的琼脂培养物接种，于 (36 ± 1)℃培养 48 h，观察结果。阳性者由绿色变为蓝色。

3.3.17 沙门氏菌 O、H 和 Vi 诊断血清

3.3.18 生化鉴定试剂盒

3.4 检验程序

沙门氏菌检验程序如图 4－4 所示。

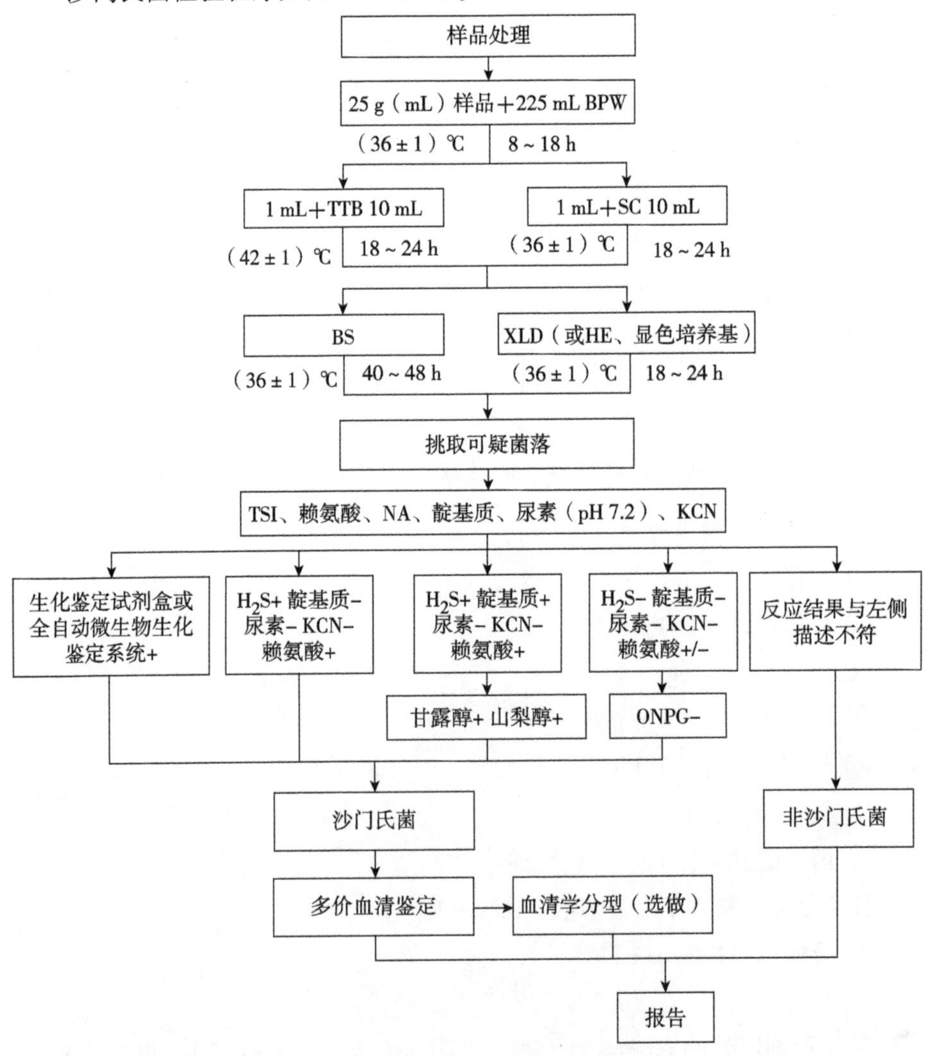

图 4－4 沙门氏菌检验程序

3.5　操作步骤

3.5.1　预增菌

无菌操作称取 25 g（mL）样品，置于盛有 225 mL BPW 的无菌均质杯或合适容器内，以 8000 ~ 10 000 r/min 均质 1 ~ 2 min，或置于盛有 225 mL BPW 的无菌均质袋中，用拍击式均质器拍打 1 ~ 2 min。若样品为液态，不需要均质，振荡混匀。如需调整 pH，用 1 mol/mL 无菌 NaOH 或 HCl 调 pH 至（6.8 ±0.2）。无菌操作将样品转至 500 mL 锥形瓶或其他合适容器内（如均质杯本身具有无孔盖，可不转移样品），如使用均质袋，可直接进行培养，于（36 ±1）℃培养 8 ~ 18 h。如为冷冻产品，应在 45 ℃以下不超过 15 min 或 2 ~ 5 ℃不超过 18 h 解冻。

3.5.2　增菌

轻轻摇动培养过的样品混合物，移取 1 mL，转种于 10 mL TTB 内，于（42 ± 1）℃培养 18 ~ 24 h。同时，另取 1 mL，转种于 10 mL SC 内，于（36 ±1）℃培养 18 ~24 h。

3.5.3　分离

分别用直径 3 mm 的接种环取增菌液 1 环，划线接种于 1 个 BS 琼脂平板和 1 个 XLD 琼脂平板（或 HE 琼脂平板或沙门氏菌属显色培养基平板），于（36 ±1）℃分别培养 40 ~48 h（BS 琼脂平板）或 18 ~ 24 h（XLD 琼脂平板、HE 琼脂平板、沙门氏菌属显色培养基平板），观察各个平板上生长的菌落，各个平板上的菌落特征如表 4 –2 所示。

表 4 –2　沙门氏菌属在不同选择性琼脂平板上的菌落特征

选择性琼脂平板	沙门氏菌
BS 琼脂	菌落为黑色有金属光泽、棕褐色或灰色，菌落周围培养基可呈黑色或棕色；有些菌株形成灰绿色的菌落，周围培养基不变
HE 琼脂	蓝绿色或蓝色，多数菌落中心黑色或几乎全黑色；有些菌株为黄色，中心黑色或几乎全黑色
XLD 琼脂	菌落呈粉红色，带或不带黑色中心，有些菌株可呈现大的带光泽的黑色中心，或呈现全部黑色的菌落；有些菌株为黄色菌落，带或不带黑色中心
沙门氏菌属显色培养基	按照显色培养基的说明进行判定

3.5.4 生化试验

① 自选择性琼脂平板上分别挑取 2 个以上典型或可疑菌落，接种三糖铁琼脂，先在斜面划线，再于底层穿刺；接种针不要灭菌，直接接种赖氨酸脱羧酶试验培养基和营养琼脂平板，于（36 ±1）℃培养 18 ~24 h，必要时可延长至48 h。在三糖铁琼脂和赖氨酸脱羧酶试验培养基内，沙门氏菌属的反应结果如表 4 –3 所示。

表 4 –3 沙门氏菌属在三糖铁琼脂和赖氨酸脱羧酶试验培养基内的反应结果

三糖铁琼脂				赖氨酸脱羧酶试验培养基	初步判断
斜面	底层	产气	硫化氢		
K	A	+（–）	+（–）	+	
K	A	+（–）	+（–）	–	可疑沙门氏菌属
A	A	+（–）	+（–）	+	可疑沙门氏菌属
A	A	+/–	+/–	–	非沙门氏菌
K	K	+/–	+/–	+/–	非沙门氏菌

注：K：产碱；A：产酸；+：阳性；–：阴性；+（–）：多数阳性，少数阴性；+/–：阳性或阴性。

② 接种三糖铁琼脂和赖氨酸脱羧酶试验培养基的同时，可直接接种蛋白胨水（供做靛基质试验）、尿素琼脂（pH 7.2）、氰化钾（KCN）培养基，也可在初步判断结果后从营养琼脂平板上挑取可疑菌落接种。于（36 ±1）℃培养 18 ~24 h，必要时可延长至 48 h，按表 4 –4 判定结果。将已挑菌落的平板储存于 2 ~5 ℃或室温至少保留 24 h，以备必要时复查。

表 4 –4 沙门氏菌属生化反应初步鉴别表

反应序号	硫化氢（H_2S）	靛基质	pH 7.2 尿素	氰化钾（KCN）	赖氨酸脱羧酶
A1	+	–	–	–	+
A2	+	+	–	–	+
A3	–	–	–	–	+/–

注：+阳性；–阴性；+/–阳性或阴性。

a. 反应序号 A1：典型反应判定为沙门氏菌属。如尿素、KCN 和赖氨酸脱羧酶 3 项中有 1 项异常，按表 4 –5 可判定为沙门氏菌；如有 2 项异常为非沙门氏菌。

表 4-5　沙门氏菌属生化反应初步鉴别表

pH 7.2 尿素	氰化钾（KCN）	赖氨酸脱羧酶	判定结果
-	-	-	甲型副伤寒沙门氏菌（要求血清学鉴定结果）
-	+	+	沙门氏菌Ⅳ或Ⅴ（要求符合本群生化特性）
+	-	+	沙门氏菌个别变体（要求血清学鉴定结果）

注：+表示阳性；-表示阴性。

b. 反应序号 A2：补做甘露醇和山梨醇试验，沙门氏菌靛基质阳性变体两项试验结果均为阳性，但需要结合血清学鉴定结果进行判定。

c. 反应序号 A3：补做 ONPG。ONPG 阴性为沙门氏菌，同时赖氨酸脱羧酶阳性，甲型副伤寒沙门氏菌为赖氨酸脱羧酶阴性。

d. 必要时按表 4-6 进行沙门氏菌生化群的鉴别。

表 4-6　沙门氏菌属各生化群的鉴别

项目	Ⅰ	Ⅱ	Ⅲ	Ⅳ	Ⅴ	Ⅵ
卫矛醇	+	+	-	-	+	-
山梨醇	+	+	+	+	+	-
水杨苷	-	-	-	+	-	-
ONPG	-	-	+	-	+	-
丙二酸盐	-	+	+	-	-	-
KCN	-	-	-	+	+	-

注：+表示阳性；-表示阴性。

③ 如选择生化鉴定试剂盒或全自动微生物生化鉴定系统，可根据 3.5.4① 的初步判断结果，从营养琼脂平板上挑取可疑菌落，用生理盐水制备成浊度适当的菌悬液，使用生化鉴定试剂盒或全自动微生物生化鉴定系统进行鉴定。

3.5.5　血清学鉴定

（1）检查培养物有无自凝性

一般采用 1.2%～1.5% 琼脂培养物作为玻片凝集试验用的抗原。首先排除自凝集反应，在洁净的玻片上滴加一滴生理盐水，将待试培养物混合于生理盐水滴内，使成为均一性的混浊悬液，将玻片轻轻摇动 30～60 s，在黑色背景下观察反应（必要时用放大镜观察），若出现可见的菌体凝集，即认为有自凝性，反之无自凝性。对无自凝的培养物参照下面方法进行血清学鉴定。

(2) 多价菌体抗原（O）鉴定

在玻片上划出2个约1 cm×2 cm的区域，挑取1环待测菌，各放1/2环于玻片上的每一区域上部，在其中一个区域下部加1滴多价菌体（O）抗血清，在另一区域下部加入1滴生理盐水，作为对照。再用无菌的接种环或针分别将两个区域内的菌苔研成乳状液。将玻片倾斜摇动混合1 min，并对着黑暗背景进行观察，任何程度的凝集现象皆为阳性反应。O血清不凝集时，将菌株接种在琼脂量较高的（如2%~3%）培养基上再检查；如果是由于Vi抗原的存在而阻止了O凝集反应时，可挑取菌苔于1 mL生理盐水中做成浓菌液，于酒精灯火焰上煮沸后再检查。

(3) 多价鞭毛抗原（H）鉴定

操作同3.5.5（2）。H抗原发育不良时，将菌株接种在0.55%~0.65%半固体琼脂平板的中央，待菌落蔓延生长时，在其边缘部分取菌检查；或将菌株通过接种装有0.3%~0.4%半固体琼脂的小玻管1~2次，自远端取菌培养后再检查。

3.6 结果与报告

综合以上生化试验和血清学鉴定的结果，报告25 g（mL）样品中检出或未检出沙门氏菌。

4 致泻大肠埃希氏菌检验[4]

4.1 适用范围

本方法规定了食品中致泻大肠埃希氏菌（diarrheagenic *Escherichia coli*）的检验方法。

本方法适用于食品中致泻大肠埃希氏菌的检验。

4.2 术语和定义、缩略语

4.2.1 术语和定义

下列术语和定义适用于本文件。

(1) 致泻大肠埃希氏菌（diarrheagenic *Escherichia coli*）

一类能引起人体以腹泻症状为主的大肠埃希氏菌，可经过污染食物引起人类发病。常见的致泻大肠埃希氏菌主要包括肠道致病性大肠埃希氏菌、肠道侵袭性大肠埃希氏菌、产肠毒素大肠埃希氏菌、产志贺毒素大肠埃希氏菌（包括肠道出血性大肠埃希氏菌）和肠道集聚性大肠埃希氏菌。

（2）肠道致病性大肠埃希氏菌（enteropathogenic *Escherichia coli*）

能够引起宿主肠黏膜上皮细胞黏附及擦拭性损伤，且不产生志贺毒素的大肠埃希氏菌。该菌是婴幼儿腹泻的主要病原菌，有高度传染性，严重者可致死。

（3）肠道侵袭性大肠埃希氏菌（enteroinvasive *Escherichia coli*）

能够侵入肠道上皮细胞而引起痢疾样腹泻的大肠埃希氏菌。该菌无动力、不发生赖氨酸脱羧反应、不发酵乳糖，生化反应和抗原结构均近似痢疾志贺氏菌。侵入上皮细胞的关键基因是侵袭性质粒上的抗原编码基因及其调控基因，如 *ipaH* 基因、*ipaR* 基因（又称为 *invE* 基因）。

（4）产肠毒素大肠埃希氏菌（enterotoxigenic *Escherichia coli*）

能够分泌热稳定性肠毒素和（或）热不稳定性肠毒素的大肠埃希氏菌。该菌可引起婴幼儿和旅游者腹泻，一般呈轻度水样腹泻，也可呈严重的霍乱样症状，低热或不发热。腹泻常为自限性，一般 2～3 d 即自愈。

（5）产志贺毒素大肠埃希氏菌（shigatoxin-producing *Escherichia coli*）[肠道出血性大肠埃希氏菌（enterohemorrhagic *Escherichia coli*）]

能够分泌志贺毒素，引起宿主肠黏膜上皮细胞黏附及擦拭性损伤的大肠埃希氏菌。有些产志贺毒素大肠埃希氏菌在临床上引起人类出血性结肠炎（HC）或血性腹泻，并可进一步发展为溶血性尿毒综合征（HUS），这类产志贺毒素大肠埃希氏菌为肠道出血性大肠埃希氏菌。

（6）肠道集聚性大肠埃希氏菌（enteroaggregative *Escherichia coli*）

肠道集聚性大肠埃希氏菌不侵入肠道上皮细胞，但能引起肠道液体蓄积。不产生热稳定性肠毒素或热不稳定性肠毒素，也不产生志贺毒素。唯一特征是能对 Hep－2 细胞形成集聚性黏附，也称 Hep－2 细胞黏附性大肠埃希氏菌。

4.2.2 缩略语

下列缩略语适用于本文件。

① DEC：致泻大肠埃希氏菌（diarrheagenic *Escherichia coli*）。

② EPEC：肠道致病性大肠埃希氏菌（enteropathogenic *Escherichia coli*）。

③ EIEC：肠道侵袭性大肠埃希氏菌（enteroinvasive *Escherichia coli*）。

④ ETEC：产肠毒素大肠埃希氏菌（enterotoxigenic *Escherichia coli*）。

⑤ STEC：产志贺毒素大肠埃希氏菌（shigatoxin-producing *Escherichia coli*）。

⑥ EHEC：肠道出血性大肠埃希氏菌（enterohemorrhagic *Escherichia coli*）。

⑦ EAEC：肠道集聚性大肠埃希氏菌（enteroaggregative *Escherichia coli*）。

⑧ *escV*：蛋白分泌物调节基因（gene encoding LEE-encoded type Ⅲ secretion system factor）。

⑨ *eae*：紧密素基因（gene encoding intimin for *Escherichia* coli attaching and effacing）。

⑩ *bfpB*：束状菌毛 B 基因（bundle-forming pilus B）。

⑪ *stx* 1：志贺毒素Ⅰ基因（shiga toxin one）。

⑫ *stx* 2：志贺毒素Ⅱ基因（shiga toxin two）。

⑬ *lt*：热不稳定性肠毒素基因（heat-labile enterotoxin）。

⑭ *st*：热稳定性肠毒素基因（heat-stable enterotoxin）。

⑮ *stp*（*st Ia*）：猪源热稳定性肠毒素基因（heat-stable enterotoxins initially discovered in the isolates from pigs）。

⑯ *sth*（*st Ib*）：人源热稳定性肠毒素基因（heat-stable enterotoxins initially discovered in the isolates from human）。

⑰ *invE*：侵袭性质粒调节基因（invasive plasmid regulator）。

⑱ *ipaH*：侵袭性质粒抗原 H 基因（invasive plasmid antigen H-gene）。

⑲ *aggR*：集聚黏附菌毛调节基因（aggregative adhesive fimbriae regulator）。

⑳ *uidA*：β－葡萄糖苷酶基因（β－glucuronidase gene）。

㉑ *astA*：集聚热稳定性毒素 A 基因（enteroaggregative heat-stable enterotoxin A）。

㉒ *pic*：肠定植因子基因（protein involved in intestinal colonization）。

㉓ *LEE*：肠细胞损伤基因座（locus of enterocyte effacement）。

㉔ *EAF*：EPEC 黏附因子（EPEC adhesive factor）。

4.3 设备和材料

除微生物实验室常规灭菌及培养设备外，其他设备和材料如下。

① 恒温培养箱：(36 ± 1)℃，(42 ± 1)℃。

② 冰箱：2 ~ 5 ℃。

③ 恒温水浴箱：(50 ± 1)℃，100 ℃或适配 1.5 mL 或 2.0 mL 金属浴（95 ~

100 ℃）。

④ 电子天平：感量为0.1 g和0.01 g。

⑤ 显微镜：10× ~100×。

⑥ 均质器。

⑦ 振荡器。

⑧ 无菌吸管：1 mL（具0.01 mL刻度），10 mL（具0.1 mL刻度）或微量移液器及吸头。

⑨ 无菌均质杯或无菌均质袋：容量500 mL。

⑩ 无菌培养皿：直径90 mm。

⑪ pH计或精密pH试纸。

⑫ 微量离心管：1.5 mL或2.0 mL。

⑬ 接种环：1 μL。

⑭ 低温高速离心机：转速≥13 000 r/min，控温4 ~8 ℃。

⑮ 微生物鉴定系统。

⑯ PCR仪。

⑰ 微量移液器及吸头：0.5 ~2 μL，2 ~20 μL，20 ~200 μL，200 ~1000 μL。

⑱ 水平电泳仪：包括电源、电泳槽、制胶槽（长度 >10 cm）和梳子。

⑲ 8联排管和8联排盖（平盖/凸盖）。

⑳ 凝胶成像仪。

4.4　培养基和试剂

4.4.1　营养肉汤

（1）成分

① 蛋白胨：10.0 g。

② 牛肉膏：3.0 g。

③ 氯化钠：5.0 g。

④ 蒸馏水：1000.0 mL。

（2）制法

将以上成分混合加热溶解，冷却至25 ℃左右校正pH至（7.4 ±0.2），分装适当的容器。121 ℃灭菌15 min。

4.4.2　肠道菌增菌肉汤

（1）成分

① 蛋白胨：10.0 g。

② 葡萄糖：5.0 g。

③ 牛胆盐：20.0 g。

④ 磷酸氢二钠：8.0 g。

⑤ 磷酸二氢钾：2.0 g。

⑥ 煌绿：0.015 g。

⑦ 蒸馏水：1000.0 mL。

（2）制法

将以上成分混合加热溶解，冷却至25 ℃左右校正pH至（7.2 ±0.2），分装每瓶30 mL。115 ℃灭菌20 min。

4.4.3 麦康凯琼脂（MAC）

（1）成分

① 蛋白胨：20.0 g。

② 乳糖：10.0 g。

③ 3号胆盐：1.5 g。

④ 氯化钠：5.0 g。

⑤ 中性红：0.03 g。

⑥ 结晶紫：0.001 g。

⑦ 琼脂：15.0 g。

⑧ 蒸馏水：1000.0 mL。

（2）制法

将以上成分混合加热溶解，校正pH至（7.2 ±0.2）。121 ℃高压灭菌15 min。冷却至45 ~50 ℃，倾注平板。

注：如不立即使用，在2 ~8 ℃条件下可储存两周。

4.4.4 伊红美蓝琼脂（EMB）

（1）成分

① 蛋白胨：10.0 g。

② 乳糖：10.0 g。

③ 磷酸氢二钾（K_2HPO_4）：2.0 g。

④ 琼脂：15.0 g。

⑤ 2%伊红Y水溶液：20.0 mL。

⑥ 0.5%美蓝水溶液：13.0 mL。

⑦ 蒸馏水：1000.0 mL。

（2）制法

在1000 mL蒸馏水中煮沸溶解蛋白胨、磷酸盐和乳糖，加水补足，冷却至25 ℃左右校正pH至（7.1±0.2）。再加入琼脂，121 ℃高压灭菌15 min。冷却至45～50 ℃，加入2%伊红Y水溶液和0.5%美蓝水溶液，摇匀，倾注平皿。

4.4.5　三糖铁（TSI）琼脂

（1）成分

① 蛋白胨：20.0 g。

② 牛肉浸膏：5.0 g。

③ 乳糖：10.0 g。

④ 蔗糖：10.0 g。

⑤ 葡萄糖：1.0 g。

⑥ 六水合硫酸亚铁铵［$(NH_4)_2Fe(SO_4)_2 \cdot 6H_2O$］：0.2 g。

⑦ 氯化钠：5.0 g。

⑧ 硫代硫酸钠：0.2 g。

⑨ 酚红：0.025 g。

⑩ 琼脂：12.0 g。

⑪ 蒸馏水：1000.0 mL。

（2）制法

除酚红和琼脂外，将其他成分加于400 mL水中，搅拌均匀，静置约10 min，加热使完全溶化，冷却至25 ℃左右校正pH至（7.4±0.2）。另将琼脂加入600 mL水中，静置约10 min，加热使完全溶化。将两溶液混合均匀，加入5%酚红水溶液5 mL，混匀，分装小试管，每管约3 mL。于121 ℃灭菌15 min，制成高层斜面。冷却后呈橘红色。如不立即使用，在2～8 ℃条件下可储存1个月。

4.4.6　蛋白胨水、靛基质试剂

（1）成分

① 胰蛋白胨：20.0 g。

② 氯化钠：5.0 g。

③ 蒸馏水：1000.0 mL。

（2）制法

将以上成分混合加热溶解，冷却至25 ℃左右校正pH至（7.4±0.2），

分装小试管，121 ℃高压灭菌 15 min。

注：此试剂在 2 ~8 ℃条件下可储存 1 个月。

(3) 靛基质试剂

① 柯凡克试剂：将 5 g 对二甲氨基苯甲醛溶解于 75 mL 戊醇中，然后缓慢加入浓盐酸 25 mL。

② 欧－波试剂：将 1 g 对二甲氨基苯甲醛溶解于 95 mL 95% 乙醇内，然后缓慢加入浓盐酸 20 mL。

(4) 试验方法

挑取少量培养物接种，在 (36 ±1)℃培养 1 ~2 d，必要时可培养 4 ~5 d。加入柯凡克试剂约 0.5 mL，轻摇试管，阳性者于试剂层呈深红色；或加入欧－波试剂约 0.5 mL，沿管壁流下，覆盖于培养液表面，阳性者于液面接触处呈玫瑰红色。

4.4.7 半固体琼脂

(1) 成分

① 蛋白胨：1.0 g。

② 牛肉膏：0.3 g。

③ 氯化钠：0.5 g。

④ 琼脂：0.3 ~0.5 g。

⑤ 蒸馏水：100.0 mL。

(2) 制法

按以上成分配好，加热溶解，冷却至 25 ℃左右校正 pH 至 (7.4 ±0.2)，分装小试管。121 ℃灭菌 15 min，直立凝固备用。

4.4.8 尿素琼脂 (pH 7.2)

(1) 成分

① 蛋白胨：1.0 g。

② 氯化钠：5.0 g。

③ 葡萄糖：1.0 g。

④ 磷酸二氢钾：2.0 g。

⑤ 0.4% 酚红：3.0 mL。

⑥ 琼脂：20.0 g。

⑦ 20% 尿素溶液：100.0 mL。

⑧ 蒸馏水：1000.0 mL。

（2）制法

除酚红、尿素和琼脂外的其他成分加热溶解，冷却至25 ℃左右校正pH至（7.2 ±0.2），加入酚红指示剂，混匀，于121 ℃灭菌15 min。冷却至约55 ℃，加入用0.22 μm过滤膜除菌后的20%尿素水溶液100 mL，混匀，以无菌操作分装灭菌试管，每管3 ~4 mL，制成斜面后放冰箱备用。

（3）试验方法

挑取琼脂培养物接种，在（36 ±1）℃培养24 h，观察结果。尿素酶阳性者由于产碱而使培养基变为红色。

4.4.9　氰化钾（KCN）培养基

（1）成分

① 蛋白胨：10.0 g。

② 氯化钠：5.0 g。

③ 磷酸二氢钾：0.225 g。

④ 磷酸氢二钠：5.64 g。

⑤ 0.5%氰化钾：20.0 mL。

⑥ 蒸馏水：1000.0 mL。

（2）制法

将除氰化钾以外的成分加入蒸馏水中，煮沸溶解，分装后121 ℃高压灭菌15 min。放在冰箱内使其充分冷却。每100 mL培养基加入0.5%氰化钾溶液2.0 mL（最后浓度为1∶10 000），分装于无菌试管内，每管约4 mL，立刻用无菌橡皮塞塞紧，放在4 ℃冰箱内，至少可保存两个月。同时，将不加氰化钾的培养基作为对照培养基，分装试管备用。

（3）试验方法

将琼脂培养物接种于蛋白胨水内成为稀释菌液，挑取1环接种于氰化钾（KCN）培养基，并另挑取1环接种于对照培养基。在（36 ±1）℃培养1 ~2 d，观察结果。如有细菌生长即为阳性（不抑制），经2 d细菌不生长为阴性（抑制）。

注：氰化钾是剧毒药，使用时应小心，切勿沾染，以免中毒。夏天分装培养基应在冰箱内进行。试验失败的主要原因是封口不严，氰化钾逐渐分解，产生氢氰酸气体逸出，以致药物浓度降低，细菌生长，因而造成假阳性反应。试验时对每一环节都要特别注意。

4.4.10 氧化酶试剂

（1）成分

① N，N′－二甲基对苯二胺盐酸盐或N，N，N′，N′－四甲基对苯二胺盐酸盐：1.0 g。

② 蒸馏水：100 mL。

（2）制法

少量新鲜配制，于2～8 ℃冰箱内避光保存，在7 d内使用。

（3）试验方法

用无菌棉拭子取单个菌落，滴加氧化酶试剂，10 s内呈现粉红或紫红色即为氧化酶试验阳性，不变色者为氧化酶试验阴性。

4.4.11 革兰氏染色液

（1）结晶紫染色液

① 成分。a. 结晶紫：1.0 g。b. 95%乙醇：20.0 mL。c. 1%草酸铵水溶液：80.0 mL。

② 制法。将结晶紫完全溶解于乙醇中，然后与草酸铵溶液混合。

（2）革兰氏碘液

① 成分。a. 碘：1.0 g。b. 碘化钾：2.0 g。c. 蒸馏水：300.0 mL。

② 制法。将碘与碘化钾先行混合，加入蒸馏水少许充分振摇，待完全溶解后，再加蒸馏水至300 mL。

（3）沙黄复染液

① 成分。a. 沙黄：0.25 g。b. 95%乙醇：10.0 mL。c. 蒸馏水：90.0 mL。

② 制法。将沙黄溶解于乙醇中，然后用蒸馏水稀释。

（4）染色法

① 涂片在火焰上固定，滴加结晶紫染液，染1 min，水洗。

② 滴加革兰氏碘液，作用1 min，水洗。

③ 滴加95%乙醇脱色15～30 s，直至染色液被洗掉，不要过分脱色，水洗。

④ 滴加复染液，复染1 min，水洗、待干、镜检。

4.4.12 BHI肉汤

（1）成分

① 小牛脑浸液：200.0 g。

② 牛心浸液：250.0 g。

③ 蛋白胨：10.0 g。

④ NaCl：5.0 g。

⑤ 葡萄糖：2.0 g。

⑥ 磷酸氢二钠（Na_2HPO_4）：2.5 g。

⑦ 蒸馏水：1000.0 mL。

（2）制法

按以上成分配好，加热溶解，冷却至25 ℃左右校正pH至（7.4±0.2），分装小试管。121 ℃灭菌15 min。

4.4.13　福尔马林（含38%～40%甲醛）

4.4.14　鉴定试剂盒

4.4.15　大肠埃希氏菌诊断血清

4.4.16　灭菌去离子水

4.4.17　0.85%灭菌生理盐水

4.4.18　TE（pH 8.0）

（1）成分

① 1 mol/L Tris－HCl（pH 8.0）：10.0 mL。

② 0.5 mol/L EDTA（pH 8.0）：2.0 mL。

③ 灭菌去离子水：988.0 mL。

（2）制法

将1 mol/L Tris－HCl缓冲液（pH 8.0）、0.5 mol/L EDTA溶液（pH 8.0）加入约800 mL灭菌去离子水均匀，再定容至1000 mL，121 ℃高压灭菌15 min，4 ℃保存。

4.4.19　10×PCR反应缓冲液

（1）成分

① 1 mol/L Tris－HCl（pH 8.5）：840 mL。

② 氯化钾（KCl）：37.25 g。

③ 灭菌去离子水：160.0 mL。

（2）制法

将氯化钾溶于1 mol/L Tris－HCl（pH 8.5），定容至1000 mL，121 ℃高压灭菌15 min，分装后－20 ℃保存。

4.4.20 $MgCl_2$

浓度为25 mmol/L。

4.4.21 dNTPs：dATP、dTTP、dGTP、dCTP

浓度均为2.5 mmol/L。

4.4.22 Taq酶

浓度为5 U/L。

4.4.23 引物

4.4.24 50×TAE电泳缓冲液

（1）成分

① Tris：242.0 g。

② 乙二胺四乙胺二钠二水合物（$Na_2EDTA \cdot 2H_2O$）：37.2 g。

③ 冰乙酸（CH_3COOH）：57.1 mL。

④ 灭菌去离子水：942.9 mL。

（2）制法

Tris和$Na_2EDTA \cdot 2H_2O$溶于800 mL灭菌去离子水，充分搅拌均匀；加入冰乙酸，充分溶解；用1 mol/L NaOH调pH至8.3，定容至1 L后，室温保存。使用时稀释50倍即为1×TAE电泳缓冲液。

4.4.25 琼脂糖

4.4.26 溴化乙锭（EB）或其他核酸染料

4.4.27 6×上样缓冲液

（1）成分

① 溴酚蓝：0.5 g。

② 二甲苯氰FF：0.5 g。

③ 0.5 mol/L EDTA（pH 8.0）：0.06 mL。

④ 甘油：360.0 mL。

⑤ 灭菌去离子水：640.0 mL。

（2）制法

0.5 mol/L EDTA（pH 8.0）溶于500 mL灭菌去离子水中，加入溴酚蓝和二甲苯氰FF溶解，与甘油混合，定容至1000 mL，分装后4 ℃保存。

4.4.28　Marker

分子量包含 100 bp、200 bp、300 bp、400 bp、500 bp、600 bp、700 bp、800 bp、900 bp、1000 bp、1500 bp 条带。

4.4.29　致泻大肠埃希氏菌 PCR 试剂盒

4.5　检验程序

致泻大肠埃希氏菌检验程序如图 4－5 所示。

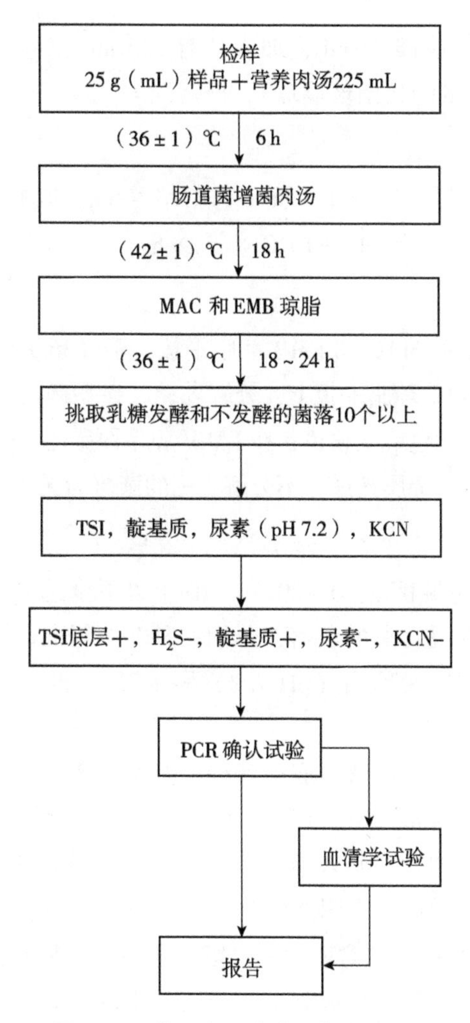

图 4－5　致泻大肠埃希氏菌检验程序

4.6 操作步骤

4.6.1 样品制备

（1）固态或半固态样品

固体或半固态样品，以无菌操作称取检样 25 g，加入装有 225 mL 营养肉汤的均质杯中，用旋转刀片式均质器以 8000 ~ 10 000 r/min 均质 1 ~ 2 min；或加入装有 225 mL 营养肉汤的均质袋中，用拍击式均质器均质 1 ~ 2 min。

（2）液态样品

以无菌操作量取检样 25 mL，加入装有 225 mL 营养肉汤的无菌锥形瓶（瓶内可预置适当数量的无菌玻璃珠），振荡混匀。

4.6.2 增菌

将 4.6.1 制备的样品匀液于（36 ± 1）℃培养 6 h。取 10 μL，接种于 30 mL 肠道菌增菌肉汤管内，于（42 ± 1）℃培养 18 h。

4.6.3 分离

将增菌液划线接种 MAC 和 EMB 琼脂平板，于（36 ± 1）℃培养 18 ~ 24 h，观察菌落特征。在 MAC 琼脂平板上，分解乳糖的典型菌落为砖红色至桃红色，不分解乳糖的菌落为无色或淡粉色；在 EMB 琼脂平板上，分解乳糖的典型菌落为中心紫黑色带或不带金属光泽，不分解乳糖的菌落为无色或淡粉色。

4.6.4 生化试验

① 选取平板上可疑菌落 10 ~ 20 个（10 个以下全选），应挑取乳糖发酵，以及乳糖不发酵和迟缓发酵的菌落，分别接种 TSI 斜面。同时将这些培养物分别接种蛋白胨水、尿素琼脂（pH 7.2）和 KCN 肉汤。于（36 ± 1）℃培养 18 ~ 24 h。

② TSI 斜面产酸或不产酸，底层产酸，靛基质阳性，H_2S 阴性和尿素酶阴性的培养物为大肠埃希氏菌。TSI 斜面底层不产酸，或 H_2S、KCN、尿素有任一项为阳性的培养物，均非大肠埃希氏菌。必要时做革兰氏染色和氧化酶试验。大肠埃希氏菌为革兰氏阴性杆菌，氧化酶阴性。

③ 如选择生化鉴定试剂盒或微生物鉴定系统，可从营养琼脂平板上挑取经纯化的可疑菌落用无菌稀释液制备成浊度适当的菌悬液，使用生化鉴定试剂盒或微生物鉴定系统进行鉴定。

4.6.5 PCR 确认试验

① 取生化反应符合大肠埃希氏菌特征的菌落进行 PCR 确认试验。

注：PCR 实验室区域设计、工作基本原则及注意事项应参照《疾病预防控制中心建设标准》（建标 127—2009）和国家卫生和计划生育委员会（原卫生部）（2010）《医疗机构临床基因扩增管理办法》附录（医疗机构临床基因扩增检验实验室工作导则）。

② 使用 1 μL 接种环刮取营养琼脂平板或斜面上培养 18 ~ 24 h 的菌落，悬浮在 200 μL 0.85% 灭菌生理盐水中，充分打散制成菌悬液，于 13 000 r/min 离心 3 min，弃掉上清液。加入 1 mL 灭菌去离子水充分混匀菌体，于100 ℃水浴或者金属浴维持 10 min；冰浴冷却后，13 000 r/min 离心 3 min，收集上清液；按 1∶10 的比例用灭菌去离子水稀释上清液，取 2 μL 作为 PCR 检测的模板；所有处理后的 DNA 模板直接用于 PCR 反应或暂存于 4 ℃并当天进行 PCR 反应；否则，应在 –20 ℃以下保存备用（1 周内）。也可用细菌基因组提取试剂盒提取细菌 DNA，操作方法按照细菌基因组提取试剂盒说明书进行。

③ 每次 PCR 反应使用 EPEC、EIEC、ETEC、STEC/EHEC、EAEC 标准菌株作为阳性对照。同时，使用大肠埃希氏菌 ATCC 25922 或等效标准菌株作为阴性对照，以灭菌去离子水作为空白对照，控制 PCR 体系污染。致泻大肠埃希氏菌特征性基因如表 4 –7 所示。

表 4 –7　5 种致泻大肠埃希氏菌特征基因

致泻大肠埃希氏菌类别	特征性基因	
EPEC	*escV* 或 *eae*、*bfpB*	*uidA*
STEC/EHEC	*escV* 或 *eae*、*stx* 1、*stx* 2	
EIEC	*invE* 或 *ipaH*	
ETEC	*lt*、*stp*、*sth*	
EAEC	*astA*、*aggR*、*pic*	

④ PCR 反应体系配制。每个样品初筛需配置 12 个 PCR 扩增反应体系，对应检测 12 个目标基因，具体操作如下：使用 TE 溶液（pH 8.0）将合成的引物干粉稀释成 100 μmol/L 储存液。根据表 4 –8 中每种目标基因对应 PCR 体系内引物的终浓度，使用灭菌去离子水配制 12 种目标基因扩增所需的10 × 引物工作液（以 *uidA* 基因为例，如表 4 –9 所示）。将 10 × 引物工作液、10 × PCR 反应缓冲液、25 mmol/L $MgCl_2$、2.5 mmol/L dNTPs、灭菌去离子水从 –20 ℃冰箱中取出，融化并平衡至室温，使用前混匀；5 U/μL Taq 酶在加样前从 –20 ℃冰箱中取出。每个样品按照表 4 –10 的加液量配制 12 个 25 μL 反

应体系，分别使用12种目标基因对应的10×引物工作液。

表4-8　5种致泻大肠埃希氏菌目标基因引物序列及每个PCR体系内的终浓度[c]

引物名称	引物序列[c]	菌株编号及对应Genbank编码	引物所在位置	终浓度 n/(μmol/L)	PCR产物长度/bp
uidA-F	5′-ATG CCA GTC CAG CGT TTT TGC-3′	Escherichia coli DH1Ec169 (accession no. CP012127.1)	1673870-1673890	0.2	1487
uidA-R	5′-AAA GTG TGG GTC AAT AAT CAG GAA GTG-3′		1675356-1675330	0.2	
escV-F	5′-ATT CTG GCT CTC TTC TTC TTT ATG GCT G-3′	Escherichia coli E2348/69 (accession no. FM180568.1)	4122765-4122738	0.4	544
escV-R	5′-CGT CCC CTT TTA CAA ACT TCA TCG C-3′		4122222-4122246	0.4	
eae-F[a]	5′-ATT ACC ATC CAC ACA GAC GGT-3′	EHEC (accession no. Z11541.1)	2651-2671	0.2	397
eae-R[a]	5′ - ACA GCG TGG TTG GAT CAA CCT-3′		3047-3027	0.2	
bfpB-F	5′-GAC ACC TCA TTG CTG AAG TCG-3′	Escherichia coli E2348/69 (accession no. FM180569.1)	3796-3816	0.1	910
bfpB-R	5′-CCA GAA CAC CTC CGT TAT GC-3′		4702-4683	0.1	
*stx*1-F	5′-CGA TGT TAC GGT TTG TTA CTG TGA CAG C-3′	Escherichia coli EDL933 (accession no. AE005174.2)	2996445-2996418	0.2	244
*stx*1-R	5′ - AAT GCC ACG CTT CCC AGA ATT G-3′		2996202-2996223	0.2	
*stx*2-F	5′-GTT TTG ACC ATC TTC GTC TGA TTA TTG AG-3′	Escherichia coli EDL933 (accessionno. AE005174.2)	1352543-1352571	0.4	324
*stx*2-R	5′-AGC GTA AGG CTT CTG CTG TGA C-3′		1352866-1352845	0.4	

续表

引物名称	引物序列[c]	菌株编号及对应 Genbank 编码	引物所在位置	终浓度 n/(μmol/L)	PCR 产物长度/bp
lt – F	5′ – GAA CAG GAG GTT TCT GCG TTA GGT G – 3′	Escherichia coli E24377A (accession no. CP000795. 1)	17030 – 17054	0. 1	655
lt – R	5′ – CTT TCA ATG GCT TTT TTT TGG GAG TC – 3′		17684 – 17659	0. 1	
stp – F	5′ – CCT CTT TTA GYC AGA CAR CTG AAT CAS TTG – 3′	Escherichia coli EC2173 (accession no. AJ555214. 1) /// Escherichia coli F7682 (accession no. AY342057. 1)	1979 – 1950///14 – 43	0. 4	157
stp – R	5′ – CAG GCA GGA TTA CAA CAA AGT TCA CAG – 3′		1823 – 1849/// 170 – 144	0. 4	
sth – F	5′ – TGT CTT TTT CAC CTT TCG CTC – 3′	Escherichia coli E24377A (accession no. CP000795. 1)	11389 – 11409	0. 2	171
sth – R	5′ – CGG TAC AAG CAG GAT TACAACAC – 3′		11559 – 11537	0. 2	
invE – F	5′ – CGA TAG ATG GCG AGA AAT TAT ATC CCG – 3′	Escherichia coli serotypeO164 (accession no. AF283289. 1)	921 – 895	0. 2	766
invE – R	5′ – CGA TCA AGA ATC CCT AAC AGA AGA ATC AC – 3′		156 – 184	0. 2	
ipaH – Fb	5′ – TTG ACC GCC TTT CCG ATA CC – 3′	Escherichia coli53638 (accession no. CP001064. 1)	11471 – 11490	0. 1	647
ipaH – Rb	5′ – ATC CGC ATC ACC GCT CAG AC – 3′		12117 – 12098	0. 1	
aggR – F	5′ – ACG CAG AGT TGC CTG ATA AAG – 3′	Escherichia coli enteroaggregative17 – 2 (accession no. Z18751. 1)	59 – 79	0. 2	400
aggR – R	5′ – AAT ACA GAA TCG TCA GCA TCA GC – 3′		458 – 436	0. 2	

续表

引物名称	引物序列[c]	菌株编号及对应 Genbank 编码	引物所在位置	终浓度 n/(μmol/L)	PCR 产物长度/bp
pic - F	5′ - AGC CGT TTC CGC AGA AGC C - 3′	Escherichia coli042 (accession no. AF097644. 1)	3700 - 3682	0. 2	1111
pic - R	5′ - AAA TGT CAG TGA ACC GAC GAT TGG - 3′		2590 - 2613	0. 2	
astA - F	5′ - TGC CAT CAA CAC AGT ATA TCC G - 3′	Escherichia coli ECOR33 (accession no. AF161001. 1)	2 - 23	0. 4	102
astA - R	5′ - ACG GCT TTG TAG TCC TTC CAT - 3′		103 - 83	0. 4	
16*S rDNA* - F	5′ - GGA GGC AGC AGT GGG AAT A - 3′	Escherichia coli strain ST2747 (accession no. CP007394. 1)	149585 - 149603	0. 25	1062
16*S rDNA* - R	5′ - TGA CGG GCG GTG TGT ACA AG - 3′		150645 - 150626	0. 25	

[a] *escV* 和 *eae* 基因选做其中 1 个；

[b] *invE* 和 *ipaH* 基因选做其中 1 个；

[c] 表中不同基因的引物序列可采用可靠性验证的其他序列代替。

表 4 - 9 每种目标基因扩增所需 10 × 引物工作液配制表

引物名称	体积/μL
100 μmol/L *uidA* - F	10 × *n*
100 μmol/L *uidA* - R	10 × *n*
灭菌去离子水	100^{-2} × (10 × *n*)
总体积	100

注：*n* 为每条引物在反应体系内的终浓度（详见表 4 - 8）。

表 4 - 10 5 种致泻大肠埃希氏菌目标基因扩增体系配制表

试剂名称	加样体积/μL
灭菌去离子水	12. 1
10 × PCR 反应缓冲液	2. 5
25 mmol/L $MgCl_2$	2. 5
2. 5 mmol/L dNTPs	3. 0

续表

试剂名称	加样体积/μL
10×引物工作液	2.5
5 U/μL Taq 酶	0.4
DNA 模板	2.0
总体积	25

⑤ PCR 循环条件。预变性 94 ℃ 5 min；变性 94 ℃ 30 s，复性 63 ℃ 30 s，延伸 72 ℃ 1.5 min，30 个循环；72 ℃延伸 5 min。将配制完成的 PCR 反应管放入 PCR 仪中，核查 PCR 反应条件正确后，启动反应程序。

⑥ 称量 4.0 g 琼脂糖粉，加入至 200 mL 的 1×TAE 电泳缓冲液中，充分混匀。使用微波炉反复加热至沸腾，直到琼脂糖粉完全融化形成清亮透明的溶液。待琼脂糖溶液冷却至 60 ℃左右时，加入溴化乙锭（EB）至终浓度为 0.5 μg/mL，充分混匀后，轻轻倒入已放置好梳子的模具中，凝胶长度要大于 10 cm，厚度宜为 3～5 mm。检查梳齿下或梳齿间有无气泡，用一次性吸头小心排掉琼脂糖凝胶中的气泡。当琼脂糖凝胶完全凝结硬化后，轻轻拔出梳子，小心将胶块和胶床放入电泳槽中，样品孔放置在阴极端。向电泳槽中加入 1×TAE 电泳缓冲液，液面高于胶面 1～2 mm。将 5 μL PCR 产物与 1 μL 6×上样缓冲液混匀后，用微量移液器吸取混合液垂直伸入液面下胶孔，小心上样于孔中；阳性对照的 PCR 反应产物加入到最后一个泳道；第一个泳道中加入 2 μL 分子量 Marker。接通电泳仪电源，根据公式：电压 = 电泳槽正负极间的距离（cm）×5 V/cm 计算并设定电泳仪电压数值；启动电压开关，电泳开始以正负极铂金丝出现气泡为准。电泳 30～45 min 后，切断电源。取出凝胶放入凝胶成像仪中观察结果，拍照并记录数据。

⑦ 结果判定。电泳结果中空白对照应无条带出现，阴性对照仅有 *uidA* 带扩增，阳性对照中出现所有目标条带，PCR 试验结果成立。根据电泳图中目标条带大小，判断目标条带的种类，记录每个泳道中目标条带的种类，在表 4－11 中查找不同目标条带种类及组合所对应的致泻大肠埃希氏菌类别。

表 4-11　5 种致泻大肠埃希氏菌目标条带与型别对照表

<table>
<tr><th>致泻大肠埃希氏菌类别</th><th colspan="2">目标条带的种类组合</th></tr>
<tr><td>EAEC</td><td>aggR，astA，pic 中一条或一条以上阳性</td><td rowspan="7">uidA[c]（+/-）</td></tr>
<tr><td>EPEC</td><td>bfpB（+/-），escV[a]（+），stx 1（-），stx 2（-）</td></tr>
<tr><td rowspan="3">STEC/EHEC</td><td>escV[a]（+/-），stx 1（+），stx 2（-），bfpB（-）</td></tr>
<tr><td>escV[a]（+/-），stx 1（-），stx 2（+），bfpB（-）</td></tr>
<tr><td>escV[a]（+/-），stx 1（+），stx 2（+），bfpB（-）</td></tr>
<tr><td>ETEC</td><td>Lt，stp，sth 中一条或一条以上阳性</td></tr>
<tr><td>EIEC</td><td>invE[b]（+）</td></tr>
</table>

[a] 在判定 EPEC 或 SETC/EHEC 时，*escV* 与 *eae* 基因等效。

[b] 在判定 EIEC 时，*invE* 与 *ipaH* 基因等效。

[c] 97%以上大肠埃希氏菌为 *uidA* 阳性。

⑧ 如用商品化 PCR 试剂盒或多重聚合酶链反应（MPCR）试剂盒，应按照试剂盒说明书进行操作和结果判定。

4.7　结果报告

① 根据生化试验、PCR 确认试验的结果，报告 25 g（mL）样品中检出或未检出某类致泻大肠埃希氏菌。

② 如果进行血清学试验，根据血清学试验的结果，报告 25 g（mL）样品中检出的某类致泻大肠埃希氏菌血清型别。

5　副溶血性弧菌检验[5]

5.1　适用范围

本方法规定了食品中副溶血性弧菌（*Vibrio parahaemolyticus*）的检验方法。

本方法适用于食品中副溶血性弧菌的检验。

5.2　设备和材料

除微生物实验室常规灭菌及培养设备外，其他设备和材料如下。

① 恒温培养箱：(36 ±1)℃。

② 冰箱：2～5 ℃、7～10 ℃。

③ 恒温水浴箱：(36 ±1) ℃。

④ 均质器或无菌乳钵。

⑤ 天平：感量0.1 g。

⑥ 无菌试管：18 mm×180 mm，15 mm×100 mm。

⑦ 无菌吸管：1 mL（具0.01 mL刻度）、10 mL（具0.1 mL刻度）或微量移液器及吸头。

⑧ 无菌锥形瓶：容量250 mL、500 mL、1000 mL。

⑨ 无菌培养皿：直径90 mm。

⑩ 全自动微生物生化鉴定系统。

⑪ 无菌手术剪、镊子。

5.3　培养基和试剂

5.3.1　3%氯化钠碱性蛋白胨水

（1）成分

① 蛋白胨：10.0 g。

② 氯化钠：30.0 g。

③ 蒸馏水：1000.0 mL。

（2）制法

将（1）成分溶于蒸馏水中，校正pH至（8.5 ±0.2），121 ℃高压灭菌10 min。

5.3.2　硫代硫酸盐－柠檬酸盐－胆盐－蔗糖（TCBS）琼脂

（1）成分

① 蛋白胨：10.0 g。

② 酵母浸膏：5.0 g。

③ 二水合柠檬酸钠（$C_6H_5O_7Na_3 \cdot 2H_2O$）：10.0 g。

④ 五水硫代硫酸钠（$Na_2S_2O_3 \cdot 5H_2O$：10.0 g。

⑤ 氯化钠：10.0 g。

⑥ 牛胆汁粉：5.0 g。

⑦ 柠檬酸铁：1.0 g。

⑧ 胆酸钠：3.0 g。

⑨ 蔗糖：20.0 g。

⑩ 溴麝香草酚蓝：0.04 g。

⑪ 麝香草酚蓝：0.04 g。

⑫ 琼脂：15.0 g。

⑬ 蒸馏水：1000.0 mL。

（2）制法

将（1）成分溶于蒸馏水中，校正 pH 至（8.6 ±0.2），加热煮沸至完全溶解。冷却至 50 ℃左右倾注平板备用。

5.3.3 3%氯化钠胰蛋白腺大豆琼脂

（1）成分

① 胰蛋白胨：15.0 g。

② 大豆蛋白胨：5.0 g。

③ 氯化钠：30.0 g。

④ 琼脂：15.0 g。

⑤ 蒸馏水：1000.0 mL。

（2）制法

将（1）成分溶于蒸馏水中，校正 pH 至（7.3 ±0.2），121 ℃高压灭菌 15 min。

5.3.4 3%氯化钠三糖铁琼脂

（1）成分

① 蛋白胨：15.0 g。

② 脲蛋白胨：5.0 g。

③ 牛肉膏：3.0 g。

④ 酵母浸膏：3.0 g。

⑤ 氯化钠：30.0 g。

⑥ 乳糖：10.0 g。

⑦ 蔗糖：10.0 g。

⑧ 葡萄糖：1.0 g。

⑨ 硫酸亚铁（$FeSO_4$）：0.2 g。

⑩ 苯酚红：0.024 g。

⑪ 硫代硫酸钠（$Na_2S_2O_3$）：0.3 g。

⑫ 琼脂：12.0 g。

⑬ 蒸馏水：1000.0 mL。

（2）制法

将（1）中成分溶于蒸馏水中，校正 pH 至（7.4 ±0.2），分装到适当容量的试管中。121 ℃高压灭菌 15 min。制成高层斜面，斜面长 4 ~5 cm，高层深度为 2 ~3 cm。

5.3.5　嗜盐性试验培养基

（1）成分

① 胰蛋白胨：10.0 g。

② 氯化钠按不同量加入。

③ 蒸馏水：1000.0 mL。

（2）制法

将（1）中成分溶于蒸馏水中，校正 pH 至（7.2 ±0.2），共配制 5 瓶，每瓶 100 mL。每瓶分别加入不同量的氯化钠：① 不加；② 3 g；③ 6 g；④ 8 g；⑤ 10 g。分装试管，121 ℃高压灭菌 15 min。

5.3.6　3%氯化钠甘露醇试验培养基

（1）成分

① 牛肉膏：5.0 g。

② 蛋白胨：10.0 g。

③ 氯化钠：30.0 g。

④ 十二水磷酸氢二钠（$Na_2HPO_4 \cdot 12H_2O$）：2.0 g。

⑤ 甘露醇：5.0 g。

⑥ 溴麝香草酚蓝：0.024 g。

⑦ 蒸馏水：1000.0 mL。

（2）制法

将（1）中成分溶于蒸馏水中，校正 pH 至（7.4 ±0.2），分装小试管，121 ℃高压灭菌 10 min。

（3）试验方法

从琼脂斜面上挑取培养物接种，于（36 ±1）℃培养不少于 24 h，观察结果。甘露醇阳性者培养物呈黄色，阴性者为绿色或蓝色。

5.3.7　3%氯化钠赖氨酸脱羧酶试验培养基

（1）成分

① 蛋白胨：5.0 g。

② 酵母浸膏：3.0 g。

③ 葡萄糖：1.0 g。

④ 溴甲酚紫：0.02 g。

⑤ *L*－赖氨酸：5.0 g。

⑥ 氯化钠：30.0 g。

⑦ 蒸馏水：1000.0 mL。

（2）制法

除赖氨酸以外的成分溶于蒸馏水中，校正 pH 至（6.8 ±0.2）。再按 0.5% 的比例加入赖氨酸，对照培养基不加赖氨酸。分装小试管，每管 0.5 mL，121 ℃高压灭菌 15 min。

（3）试验方法

从琼脂斜面上挑取培养物接种，于（36 ±1）℃培养不少于 24 h，观察结果。赖氨酸脱羧酶阳性者由于产碱中和葡萄糖产酸，故培养基仍应呈紫色。阴性者无碱性产物，但因葡萄糖产酸而使培养基变为黄色，对照管应为黄色。

5.3.8 3%氯化钠 MR－VP 培养基

（1）成分

① 多胨：7.0 g。

② 葡萄糖：5.0 g。

③ 磷酸氢二钾（K_2HPO_4）：5.0 g。

④ 氯化钠：30.0 g。

⑤ 蒸馏水：1000.0 mL。

（2）制法

将（1）中成分溶于蒸馏水中，校正 pH 至（6.9 ±0.2），分装试管，121 ℃高压灭菌 15 min。

5.3.9 3%氯化钠溶液

（1）成分

① 氯化钠：30.0 g。

② 蒸馏水：1000.0 mL。

（2）制法

将氯化钠溶于蒸馏水中，校正 pH 至（7.2 ±0.2），121 ℃高压灭菌 15 min。

5.3.10　我妻氏血琼脂

（1）成分

① 酵母浸膏：3.0 g。

② 蛋白胨：10.0 g。

③ 氯化钠：70.0 g。

④ 磷酸氢二钾（K_2HPO_4）：5.0 g。

⑤ 甘露醇：10.0 g。

⑥ 结晶紫：0.001 g。

⑦ 琼脂：15.0 g。

⑧ 蒸馏水：1000.0 mL。

（2）制法

将（1）中成分溶于蒸馏水中，校正 pH 至（8.0 ±0.2），加热至 100 ℃，保持 30 min，冷却至 45 ~50 ℃，与 50 mL 预先洗涤的新鲜人或兔红细胞（含抗凝血剂）混合，倾注平板。干燥平板，尽快使用。

5.3.11　氧化酶试剂

（1）成分

① *N*，*N*，*N′*，*N′* –四甲基对苯二胺盐酸盐：1.0 g。

② 蒸馏水：100.0 mL。

（2）制法

将 *N*，*N*，*N′*，*N′* –四甲基对苯二胺盐酸盐溶于蒸馏水中，2 ~5 ℃冰箱内避光保存，在 7 d 之内使用。

（3）试验方法

用细玻璃棒或一次性接种针挑取新鲜（24 h）菌落，涂布在氧化酶试剂湿润的滤纸上。如果滤纸在 10 s 之内呈现粉红或紫红色，即为氧化酶试验阳性。不变色为氧化酶试验阴性。

5.3.12　革兰氏染色液

（1）结晶紫染色液

① 成分。a. 结晶紫：1.0 g。b. 95% 乙醇：20.0 mL。c. 草酸铵水溶液：80.0 mL。

② 制法。将结晶紫完全溶解于乙醇中，然后与草酸铵溶液混合。

（2）革兰氏碘液

① 成分。a. 碘：1.0 g。b. 碘化钾：2.0 g。c. 蒸馏水：300.0 mL。

② 制法。将碘与碘化钾先进行混合，加入蒸馏水少许充分振摇，待完全溶解后，再加蒸馏水至 300 mL。

（3）沙黄复染液

① 成分。a. 沙黄：0.25 g。b. 95% 乙醇：10.0 mL。c. 蒸馏水：90.0 mL。

② 制法。将沙黄溶解于乙醇中，然后用蒸馏水稀释。

（4）染色法

① 将涂片在酒精灯火焰上固定，滴加结晶紫染色液，染 1 min，水洗。

② 滴加革兰氏碘液，作用 1 min，水洗。

③ 滴加 95% 乙醇脱色，15 ~ 20 s，直至染色液被洗掉，不要过分脱色，水洗。

④ 滴加复染液，复染 1 min。水洗、待干、镜检。

5.3.13 ONPG 试剂

（1）缓冲液

① 成分。a. 磷酸二氢钠单水合物（$NaH_2PO_4 \cdot H_2O$）：6.9 g。b. 蒸馏水加至 50.0 mL。

② 制法。将磷酸二氢钠溶于蒸馏水中，校正 pH 至 7.0。缓冲液置 2 ~ 5 ℃冰箱保存。

（2）ONPG 溶液

① 成分。a. 邻硝基酚 – *P* – *D* – 半乳糖苷（ONPG）：0.08 g。b. 蒸馏水：15.0 mL。c. 缓冲液：5.0 mL。

② 制法。将 ONPG 在 37 ℃的蒸馏水中溶解，加入缓冲液。ONPG 溶液置 2 ~ 5 ℃冰箱保存。试验前，将所需用量的 ONPG 溶液加热至 37 ℃。

（3）试验方法

将待检培养物接种 3% 氯化钠三糖铁琼脂，(36 ± 1) ℃培养 18 h。挑取 1 满环新鲜培养物接种于 0.25 mL 3% 氯化钠溶液，在通风橱中，滴加 1 滴甲苯，摇匀后置 37 ℃水浴 5 min。加 0.25 mL ONPG 溶液，(36 ± 1) ℃培养观察 24 h。阳性结果呈黄色。阴性结果则 24 h 不变色。

5.3.14 Voges – Proskauer（V-P）试剂

（1）成分

① 甲液。a. α – 萘酚：5.0 g。b. 无水乙醇：100.0 mL。

② 乙液。氢氧化钾 40.0 g，用蒸馏水加至 100.0 mL。

（2）试验方法

将3%氯化钠胰蛋白胨大豆琼脂生长物接种于3%氯化钠 MR－VP 培养基，(36±1)℃培养48 h。取1 mL培养物，转放到1个试管内，加0.6 mL甲液，摇动。加0.2 mL乙液，摇动。加入3 mg肌酸结晶，4 h后观察结果。阳性结果呈现伊红的粉红色。

5.3.15 弧菌显色培养基

5.3.16 生化鉴定试剂盒

5.4 检验程序

副溶血性弧菌检验程序如图4－6所示。

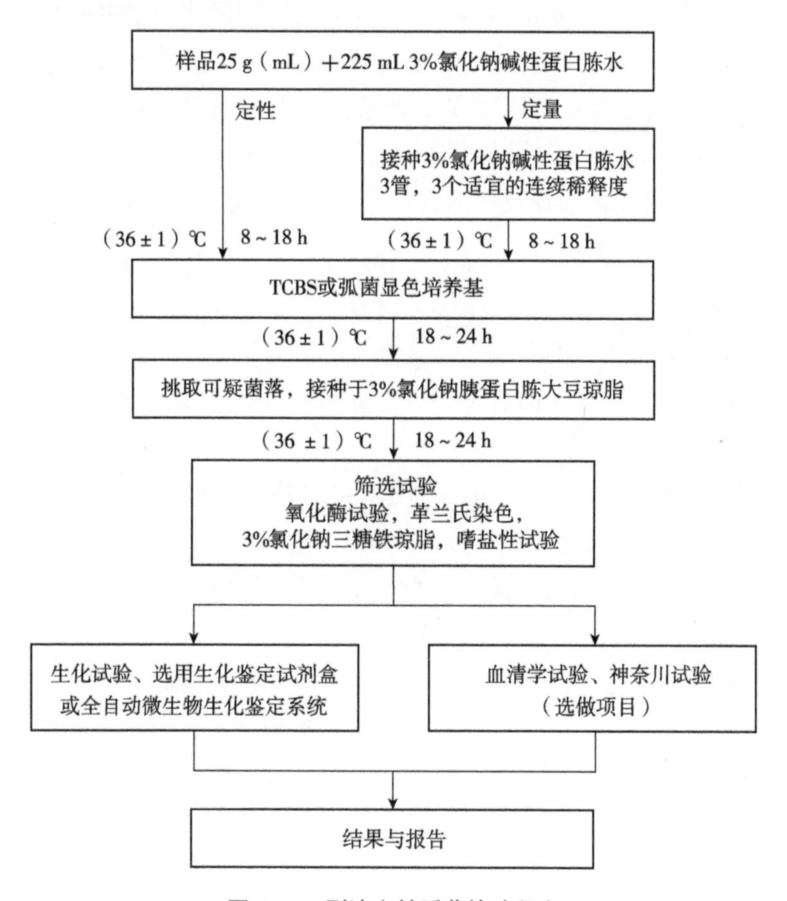

图4－6 副溶血性弧菌检验程序

5.5 操作步骤

5.5.1 样品制备

① 非冷冻样品采集后应立即置 7～10 ℃冰箱保存，尽可能及早检验；冷冻样品应在 45 ℃以下不超过 15 min 或在 2～5 ℃不超过 18 h 解冻。

② 鱼类和头足类动物取表面组织、肠或鳃。贝类取全部内容物，包括贝肉和体液；甲壳类取整个动物，或者动物的中心部分，包括肠和鳃。如为带壳贝类或甲壳类，则应先在自来水中洗刷外壳并甩干表面水分，然后以无菌操作打开外壳，按上述要求取相应部分。

③ 以无菌操作取样品 25 g（mL），加入 3%氯化钠碱性蛋白胨水 225 mL，用旋转刀片式均质器以 8000r/min 均质 1 min，或拍击式均质器拍击 2 min，制备成 1∶10 的样品匀液。如无均质器，则将样品放入无菌乳钵，自 225 mL 3%氯化钠碱性蛋白胨水中取少量稀释液加入无菌乳钵，样品磨碎后放入 500 mL无菌锥形瓶，再用少量稀释液冲洗乳钵中的残留样品 1～2 次，洗液放入锥形瓶，最后将剩余稀释液全部放入锥形瓶，充分振荡，制备 1∶10 的样品匀液。

5.5.2 增菌

（1）定性检测

将 5.5.1③制备的 1∶10 样品匀液于（36±1）℃培养 8～18 h。

（2）定量检测

① 用无菌吸管吸取 1∶10 样品匀液 1 mL，注入含有 9 mL 3%氯化钠碱性蛋白胨水的试管内，振摇试管混匀，制备 1∶100 的样品匀液。

② 另取 1 mL 无菌吸管，按①操作程序，依次制备 10 倍系列稀释样品匀液，每递增稀释 1 次，换用一支 1 mL 无菌吸管。

③ 根据对检样污染情况的估计，选择 3 个适宜的连续稀释度，每个稀释度接种 3 支含有 9 mL 3%氯化钠碱性蛋白胨水的试管，每管接种 1 mL。置（36±1）℃恒温箱内，培养 8～18 h。

5.5.3 分离

① 对所有显示生长的增菌液，用接种环在距离液面以下 1 cm 内蘸取 1 环增菌液，于 TCBS 平板或弧菌显色培养基平板上划线分离。一支试管划线一块平板。于（36±1）℃培养 18～24 h。

② 典型的副溶血性弧菌在 TCBS 上呈圆形、半透明、表面光滑的绿色菌

落，用接种环轻触，有类似口香糖的质感，直径 2 ~ 3 mm。从培养箱取出 TCBS 平板后，应尽快（不超过 1 h）挑取菌落或标记要挑取的菌落。典型的副溶血性弧菌在弧菌显色培养基上的特征按照产品说明进行判定。

5.5.4 纯培养

挑取 3 个或以上可疑菌落，划线接种 3% 氯化钠胰蛋白胨大豆琼脂平板，(36 ± 1) ℃ 培养 18 ~ 24 h。

5.5.5 初步鉴定

① 氧化酶试验：挑选纯培养的单个菌落进行氧化酶试验，副溶血性弧菌为氧化酶阳性。

② 涂片镜检：将可疑菌落涂片，进行革兰氏染色，镜检观察形态。副溶血性弧菌为革兰氏阴性，呈棒状、弧状、卵圆状等多形态，无芽孢，有鞭毛。

③ 挑取纯培养的单个可疑菌落，转种 3% 氯化钠三糖铁琼脂斜面并穿刺底层，(36 ± 1) ℃ 培养 24 h 观察结果。副溶血性弧菌在 3% 氯化钠三糖铁琼脂中的反应为底层变黄不变黑，无气泡，斜面颜色不变或红色加深，有动力。

④ 嗜盐性试验：挑取纯培养的单个可疑菌落，分别接种 0、6%、8% 和 10% 不同氯化钠浓度的胰胨水，(36 ± 1) ℃ 培养 24 h，观察液体混浊情况。副溶血性弧菌在无氯化钠和 10% 氯化钠的胰胨水中不生长或微弱生长，在 6% 氯化钠和 8% 氯化钠的胰胨水中生长旺盛。

5.5.6 确定鉴定

取纯培养物分别接种含 3% 氯化钠的甘露醇试验培养基、赖氨酸脱羧酶试验培养基、MR - VP 培养基，(36 ± 1) ℃ 培养 24 h ~ 48 h 后观察结果；3% 氯化钠三糖铁琼脂隔夜培养物进行 ONPG 试验。可选择生化鉴定试剂盒或全自动微生物生化鉴定系统。

5.6 结果与报告

根据检出的可疑菌落生化性状，报告 25g（mL）样品中检出副溶血性弧菌。如果进行定量检测，根据证实为副溶血性弧菌阳性的试管管数，查最可能数（MPN）检索表，报告每克（毫升）副溶血性弧菌的 MPN 值。副溶血性弧菌菌落生化性状和与其他弧菌的鉴别情况分别如表 4 - 12 和表 4 - 13 所示，每克（毫升）检样中副溶血性弧菌最可能数（MPN）的检索如表 4 - 14 所示。

表 4－12　副溶血性弧菌的生化性状

试验项目	结果
革兰氏染色镜检	阴性，无芽孢
氧化酶	+
动力	+
蔗糖	-
葡萄糖	+
甘露醇	+
分解葡萄糖产气	-
乳糖	-
硫化氢	-
赖氨酸脱羧酶	+
V-P	-
ONPG	-

注：+表示阳性；-表示阴性。

表 4－13　副溶血性弧菌主要性状与其他弧菌的区别

名称	赖氨酸	精氨酸	鸟氨酸	明胶	脲酶	V-P	42℃生长	蔗糖	*D*-纤维二糖	乳糖	阿拉伯糖	*D*-甘露糖	*D*-甘露醇	ONPG	嗜盐性试验 氯化钠含量/%				
															0	3	6	8	10
副溶血性弧菌 *V. parahaemolyticus*	+	-	+	+	V	-	+	-	V	-	+	+	+	-	-	+	+	+	-
创伤弧菌 *V. vulnificus*	+	-	+	+	-	-	+	-	+	+	-	+	V	+	-	+	+	-	-
溶藻弧菌 *V. alginolyticus*	+	-	+	+	-	+	+	+	-	-	-	+	+	-	-	+	+	+	+
霍乱弧菌 *V. cholerae*	+	-	+	+	-	V	+	+	-	-	-	+	+	+	+	+	-	-	-
拟态弧菌 *V. mimicus*	+	-	+	+	-	-	+	-	-	-	-	+	+	+	+	+	-	-	-
河弧菌 *V. fluvialis*	-	+	-	+	-	-	V	+	+	-	+	+	+	+	-	+	+	V	-
弗式弧菌 *V. furnissii*	-	+	-	+	-	-	-	+	-	-	+	+	+	+	-	+	+	+	-
梅式弧菌 *V. metschnikovii*	+	+	-	+	-	+	V	+	-	-	-	+	+	+	-	+	+	V	-
霍利斯弧菌 *V. hollisae*	-	-	-	-	-	-	nd	-	-	-	+	+	-	-	-	+	+	-	-

注：+表示阳性；-表示阴性；nd 表示未试验；V 表示可变。

表 4-14　副溶血性弧菌最可能数（MPN）检索

阳性管数			MPN	95%可信限		阳性管数			MPN	95%可信限	
0.10	0.01	0.001		下限	上限	0.10	0.01	0.001		下限	上限
0	0	0	<3.0	–	9.5	2	2	0	21	4.5	42
0	0	1	3.0	0.15	9.6	2	2	1	28	8.7	94
0	1	0	3.0	0.15	11	2	2	2	35	8.7	94
0	1	1	6.1	1.2	18	2	3	0	29	8.7	94
0	2	0	6.2	1.2	18	2	3	1	36	8.7	94
0	3	0	9.4	3.6	38	3	0	0	23	4.6	94
1	0	0	3.6	0.17	18	3	0	1	38	8.7	110
1	0	1	7.2	1.3	18	3	0	2	64	17	180
1	0	2	11	3.6	38	3	1	0	43	9	180
1	1	0	7.4	1.3	20	3	1	1	75	17	200
1	1	1	11	3.6	38	3	1	2	120	37	420
1	2	0	11	3.6	42	3	1	3	160	40	420
1	2	1	15	4.5	42	3	2	0	93	18	420
1	3	0	16	4.5	42	3	2	1	150	37	420
2	0	0	9.2	1.4	38	3	2	2	210	40	430
2	0	1	14	3.6	42	3	2	3	290	90	1000
2	0	2	20	4.5	42	3	3	0	240	42	1000
2	1	0	15	3.7	42	3	3	1	460	90	2000
2	1	1	20	4.5	42	3	3	2	1100	180	4100
2	1	2	27	8.7	94	3	3	3	>1100	420	—

注：①本表采用 3 个稀释度［0.1 g（mL）、0.01 g（mL）和 0.001 g（mL）］，每个稀释度接种 3 管。

②表内所列检样量如改用 1 g（mL）、0.1 g（mL）和 0.01 g（mL）时，表内数字应相应降低 10 倍；如改用 0.01 g（mL）、0.001 g（mL）、0.0001 g（mL）时，则表内数字相应增加 10 倍，其余类推。

6 小肠结肠炎耶尔森氏菌检验[6]

6.1 适用范围

本方法规定了食品中小肠结肠炎耶尔森氏菌（*Yersinia enterocolitica*）的检验方法。

本方法适用于食品中小肠结肠炎耶尔森氏菌的检验。

6.2 设备和材料

除微生物实验室常规灭菌及培养设备外，其他设备和材料如下。

① 冰箱：0 ~ 4 ℃。

② 恒温培养箱：(26 ± 1) ℃、(36 ± 1) ℃。

③ 显微镜：10 ~ 100 倍。

④ 均质器。

⑤ 天平：感量 0.1 g。

⑥ 灭菌试管：16 mm × 160 mm、15 mm × 100 mm。

⑦ 灭菌吸管：1 mL（具 0.01 mL 刻度）、10 mL（具 0.1 mL 刻度）。

⑧ 锥形瓶：200 mL、500 mL。

⑨ 灭菌平皿：直径 90 mm。

⑩ 微生物生化鉴定试剂盒或微生物生化鉴定系统。

6.3 培养基和试剂

6.3.1 改良磷酸盐缓冲液

（1）成分

① 磷酸氢二钠：8.23 g。

② 磷酸二氢钠：1.2 g。

③ 氯化钠：5.0 g。

④ 3 号胆盐：1.5 g。

⑤ 山梨醇：20.0 g。

（2）制法

将磷酸盐及氯化钠溶于蒸馏水中，再加入 3 号胆盐及山梨醇，溶解后校正 pH 至 7.6，分装试管，于 121 ℃高压灭菌 15 min，备用。

6.3.2　CIN-1 培养基（Cepulodin Irgasan Novobiocin Agar）

（1）基础培养基

① 胰胨：20.0 g。

② 酵母浸膏：2.0 g。

③ 甘露醇：20.0 g。

④ 氯化钠：1.0 g。

⑤ 去氧胆酸钠：2.0 g。

⑥ 硫酸镁：0.01 g。

⑦ 琼脂：12.0 g。

⑧ 蒸馏水：950.0 mL。

校正 pH 至（7.5 ±0.1），将基础培养基于 121 ℃高压灭菌 15 min，备用。

（2）Irgasan（二氯苯氧氯酚）

可用 95% 乙醇作溶剂，溶解二苯醚，配成 0.4% 的溶液来替代 Irgasan，待基础培养基冷却至 80 ℃时，加入 1 mL，混匀。

（3）配制

冷却至 50 ℃时，加入以下溶液：①中性红（3.0 mg/mL）：10.0 mL。②结晶紫（0.1 mg/mL）：10.0 mL。③头孢菌素（1.5 mg/mL）：10.0 mL。④新生霉素（0.25 mg/mL）：10.0 mL。然后不断搅拌加入 10.0 mL 10% 氯化锶，倾注平皿。

6.3.3　改良 Y 培养基（Agar Y，Modified）

（1）成分

① 蛋白胨：15.0 g。

② 氯化钠：5.0 g。

③ 乳糖：10.0 g。

④ 草酸钠：2.0 g。

⑤ 去氧胆酸钠：6.0 g。

⑥ 3 号胆盐：5.0 g。

⑦ 丙酮酸钠：2.0 g。

⑧ 孟加拉红：40.0 mg。

⑨ 水解酪蛋白：5.0 g。

⑩ 琼脂：17.0 g

⑪ 蒸馏水：1000.0 mL。

（2）制法

将（1）中成分混合，校正 pH 至（7.4±0.1），于 121 ℃高压灭菌 15 min，待冷却至 45 ℃左右时，倾注平皿。

6.3.4 改良克氏双糖培养基

（1）成分

① 蛋白胨：20.0 g。

② 牛肉膏：3.0 g。

③ 酵母膏：3.0 g。

④ 氯化钠：5.0 g。

⑤ 山梨醇：20.0 g。

⑥ 葡萄糖：1.0 g。

⑦ 枸橼酸铁铵：0.5 g。

⑧ 硫代硫酸钠：0.5 g。

⑨ 丙酮酸钠：2.0 g。

⑩ 酚红：0.025 g。

⑪ 琼脂：12.0 g。

⑫ 蒸馏水：1000.0 mL。

（2）制法

将酚红以外的各成分溶解于蒸馏水中，校正 pH 至 7.4。加入 0.2% 酚红溶液 12.5 mL，摇匀，分装试管，装量宜多些，以便得到比较高的底层。121 ℃高压灭菌 15 min，放置高层斜面备用。

6.3.5 糖发酵管

（1）成分

① 牛肉膏：5.0 g。

② 蛋白胨：10.0 g。

③ 氯化钠：3.0 g。

④ 磷酸氢二钠：2.0 g。

⑤ 0.2% 溴麝香草酚蓝溶液：12.0 mL。

⑥ 蒸馏水：1000.0 mL。

（2）制法

① 葡萄糖发酵管按（1）成分配好后，校正 pH 至 7.4，按 0.5% 加入葡

萄糖，分装于有一个倒置小管的小试管内，121 ℃高压灭菌 15 min。

② 其他各种糖发酵管可按上述成分配好后，分装每瓶 100 mL，121 ℃高压灭菌 15 min。另将各种糖类分别配好 10%溶液，同时高压灭菌。将 5 mL 糖溶液加入 100 mL 培养基内，以无菌操作分装小试管。蔗糖不纯，加热后会自行水解者，应采用过滤法除菌。

（3）试验方法

从琼脂斜面上挑取少量培养物接种，于（26 ± 1）℃培养，一般观察 2 ~ 3 d。迟缓反应需观察 14 ~ 30 d。

6.3.6　鸟氨酸脱羧酶试验培养基

（1）成分

① 蛋白胨：5.0 g。

② 酵母浸膏：3.0 g。

③ 葡萄糖：1.0 g。

④ 蒸馏水：1000.0 mL。

⑤ 1.6%溴甲酚紫 – 乙醇溶液：1.0 mL。

⑥ *L* – 鸟氨酸或 *DL* – 鸟氨酸：0.5 g/100 mL 或 1 g/100 mL。

（2）制法

除鸟氨酸以外的成分加热溶解后，分装，每瓶 100 mL，分别加入鸟氨酸。*L* – 鸟氨酸按 0.5%加入，*DL* – 鸟氨酸按 1%加入。再校正 pH 至 6.8。对照培养基不加鸟氨酸。分装于无菌的小试管内，每管 0.5 mL，上面滴加一层液状石蜡，115 ℃高压灭菌 10 min。

（3）试验方法

从琼脂斜面上挑取培养物接种，于（26 ± 1）℃培养 18 ~ 24 h，观察结果。鸟氨酸脱羧酶阳性者由于产碱，培养基呈紫色。阴性者无碱性产物，但因葡萄糖产酸而使培养基变为黄色。对照管为黄色。

6.3.7　半固体琼脂

（1）成分

① 牛肉膏：0.3 g。

② 蛋白胨：1.0 g。

③ 氯化钠：0.5 g。

④ 琼脂：0.35 ~ 0.4 g。

⑤ 蒸馏水：1000.0 mL。

（2）制法

将（1）中成分配好，煮沸使溶解，并校正 pH 至 7.4。分装于小试管，121 ℃高压灭菌 15 min，直立凝固备用。

注：供动力观察、菌种保存、H 抗原位相变异试验等用。

6.3.8 缓冲葡萄糖蛋白胨水［甲基红（MR）和 V-P 试验用］

（1）成分

① 磷酸氢二钾：5.0 g。

② 多胨：7.0 g。

③ 葡萄糖：5.0 g。

④ 蒸馏水：1000.0 mL。

（2）制法

溶化后校正 pH 至 7.0，分装试管，每管 1 mL，121 ℃高压灭菌 15 min。

（3）甲基红（MR）试验

自琼脂斜面挑取少量培养物接种本培养基中，于（26 ± 1）℃培养 2 ~ 5 d，哈夫尼亚菌则应在 22 ~ 25 ℃培养。滴加甲基红试剂一滴，立即观察结果。鲜红色为阳性，黄色为阴性。甲基红试剂配法：10 mg 甲基红溶于 30 mL 95%乙醇中，然后加入 20 mL 蒸馏水。

（4）V-P 试验

用琼脂培养物接种本培养基中，于（26 ± 1）℃培养 2 ~ 4 d。哈夫尼亚菌则应在 22 ~ 25 ℃培养。加入 6% α – 萘酚 – 乙醇溶液 0.5 mL 和 40%氢氧化钾溶液 0.2 mL，充分振摇试管，观察结果。阳性反应立刻或于数分钟内出现红色。如为阴性，应于（36 ± 1）℃培养 4 h 再进行观察。

6.3.9 碱处理液

（1）0.5%氯化钠溶液

① 氯化钠：0.5 g。

② 蒸馏水：100.0 mL。

③ 121 ℃高压灭菌 15 min。

（2）0.5%氢氧化钾溶液

① 氢氧化钾：0.5 g。

② 蒸馏水：100.0 mL。

③ 121 ℃高压灭菌 15 min。

（3）制法

将0.5%氯化钠及0.5%氢氧化钾等量混合。

6.3.10　尿素培养基

（1）成分

① 尿素：20.0 g。

② 酵母浸膏：0.1 g。

③ 磷酸二氢钾：0.091 g。

④ 磷酸氢二钠：0.095 g。

⑤ 酚红：0.01 g。

⑥ 蒸馏水：1000.0 mL。

（2）制法

将（1）中成分于蒸馏水中溶解，校正pH至（6.8±0.2）。不要加热，过滤除菌，无菌分装于灭菌小试管中，每管约3 mL。

（3）试验方法

挑取琼脂培养物接种在尿素培养基，（26±1）℃培养24 h。尿素酶阳性者由于产碱而使培养基变为红色。

6.3.11　营养琼脂

（1）成分

① 牛肉浸膏：3.0 g。

② 蛋白胨：10.0 g。

③ 氯化钠：5.0 g。

④ 琼脂：15.0 g。

⑤ 蒸馏水：1000.0 mL。

（2）制法

将（1）中成分于蒸馏水中溶解，校正pH至（7.3±0.2）。121 ℃高压灭菌15 min。

6.3.12　小肠结肠炎耶尔森氏菌诊断血清

6.4　检验程序

小肠结肠炎耶尔森氏菌检验程序如图4-7所示。

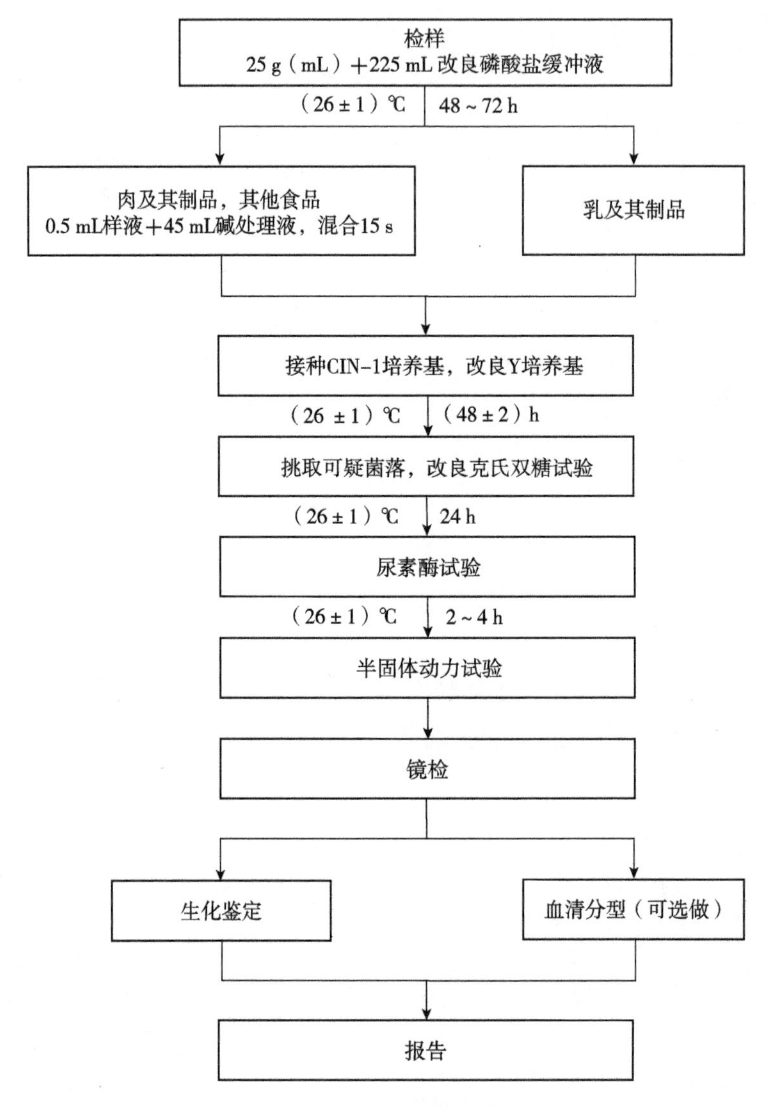

图 4-7　小肠结肠炎耶尔森氏菌检验程序

6.5　操作步骤

6.5.1　增菌

以无菌操作取 25 g（mL）样品放入含有 225 mL 改良磷酸盐缓冲液增菌液的无菌均质杯或均质袋内，以 8000 r/min 均质 1 min 或拍击式均质器均质 1 min。液体样品或粉末状样品，应振荡混匀。均质后于（26±1）℃增菌 48～72 h。增菌时间长短可根据对样品污染程度的估计来确定。

6.5.2　碱处理

除乳及其制品外，其他食品的增菌液0.5 mL与碱处理液4.5 mL充分混合15 s。

6.5.3　分离

将乳与乳制品增菌液或经过碱处理的其他食品增菌液分别接种于CIN－1琼脂平板和改良Y琼脂平板，(26±1)℃培养（48±2）h。典型菌落在CIN－1上为深红色中心，周围具有无色透明圈（红色牛眼状菌落），菌落大小为1～2 mm，在改良Y琼脂平板上为无色透明、不黏稠的菌落。

6.5.4　改良克氏双糖试验

分别挑取6.5.3中的可疑菌落3～5个，分别接种于改良克氏双糖铁琼脂，接种时先在斜面划线，再于底层穿刺，(26±1)℃培养24 h，将斜面和底部皆变黄且不产气的培养物做进一步的生化鉴定。

6.5.5　尿素酶试验和动力观察

用接种环挑取1满环6.5.4得到的可疑培养物，接种到尿素培养基中，接种量应足够大，振摇几秒钟，(26±1)℃培养2～4 h。将尿素酶试验阳性菌落分别接种于两管半固体培养基中，于（26±1)℃和（36±1)℃培养24 h。将在26 ℃有动力而36 ℃无动力的可疑菌培养物划线接种营养琼脂平板，进行纯化培养，用纯化物进行革兰氏染色镜检和生化试验。

6.5.6　革兰氏染色镜检

将纯化的可疑菌进行革兰染色。小肠结肠炎耶尔森氏菌呈革兰氏阴性球杆菌，有时呈椭圆或杆状，大小为（0.8～3.0）μm×0.8 μm。

6.5.7　生化鉴定

① 从6.5.5中的营养琼脂平板上挑取单个菌落接种生化反应管，生化反应在（26±1)℃进行。小肠结肠炎耶尔森氏菌的主要生化特征及与其他相似菌的区别如表4－15所示。

表 4-15　小肠结肠炎耶尔森氏菌与其他相似菌的生化性状鉴别

项目	小肠结肠炎耶尔森氏菌 *Yersinia Enterocolitica*	中间型耶尔森氏菌 *Yersinia Intermedia*	弗氏耶尔森氏菌 *Yersinia Frederiksenii*	克氏耶尔森氏菌 *Yersinia Kirstensenii*	假结合耶尔森氏菌 *Yersinia Pseudotuberculosis*	鼠疫耶尔森氏菌 *Yersinia Pestis*
动力（26 ℃）	+	+	+	+	+	-
尿素酶	+	+	+	+	+	-
V-P 实验（26 ℃）	+	+	+	-	-	-
鸟氨酸脱羧酶	+	+	+	+	-	-
蔗糖	d	+	+	-	-	-
棉子糖	-	+	-	-	-	d
山梨醇	+	+	+	+	-	-
甘露醇	+	+	+	+	+	+
鼠李糖	-	+	+	-	-	+

注：+阳性；-阴性；d 有不同生化型。

② 如选择微生物生化鉴定试剂盒或微生物生化鉴定系统，可根据 6.5.6 镜检结果，选择革兰阴性球杆菌菌落作为可疑菌落，从 6.5.5 所接种的营养琼脂平板上挑取单菌落，使用微生物生化鉴定试剂盒或微生物生化鉴定系统进行鉴定。

6.6　结果与报告

综合以上及生化特征报告结果，报告 25 g（mL）样品中检出或未检出小肠结肠炎耶尔森氏菌。

7　金黄色葡萄球菌检验[7]

7.1　适用范围

本方法规定了食品中金黄色葡萄球菌（*Staphylococcus aureus*）的检验方法。

本方法第一法适用于食品中金黄色葡萄球菌的定性检验；第二法适用于金黄色葡萄球菌含量较高的食品中金黄色葡萄球菌的计数；第三法适用于金黄色葡萄球菌含量较低的食品中金黄色葡萄球菌的计数。

7.2 设备和材料

除微生物实验室常规灭菌及培养设备外，其他设备和材料如下。

① 恒温培养箱：(36 ±1)℃。

② 冰箱：2 ~5 ℃。

③ 恒温水浴箱：36 ~56 ℃。

④ 天平：感量0.1 g。

⑤ 均质器。

⑥ 振荡器。

⑦ 无菌吸管：1 mL（具0.01 mL刻度）、10 mL（具0.1 mL刻度）或微量移液器及吸头。

⑧ 无菌锥形瓶：容量100 mL、500 mL。

⑨ 无菌培养皿：直径90 mm。

⑩ 涂布棒。

⑪ pH计、pH比色管或精密pH试纸。

7.3 培养基和试剂

7.3.1 7.5%氯化钠肉汤

（1）成分

① 蛋白胨：10.0 g。

② 牛肉膏：5.0 g。

③ 氯化钠：75.0 g。

④ 蒸馏水：1000.0 mL。

（2）制法

将上述成分加热溶解，调节pH至（7.4 ±0.2），分装，每瓶225 mL，121 ℃高压灭菌15 min。

7.3.2 血琼脂平板

（1）成分

① 豆粉琼脂pH（7.5 ±0.2）：100.0 mL。

② 脱纤维羊血（或兔血）：5.0 ~10.0 mL。

（2）制法

加热溶化琼脂，冷却至50 ℃，以无菌操作加入脱纤维羊血，摇匀，倾注平板。

7.3.3 Baird – Parker 琼脂平板

（1）成分

① 胰蛋白胨：10.0 g。

② 牛肉膏：5.0 g。

③ 酵母膏：1.0 g。

④ 丙酮酸钠：10.0 g。

⑤ 甘氨酸：12.0 g

⑥ 六水合氯化锂（$LiCl \cdot 6H_2O$）：5.0 g。

⑦ 琼脂：20.0 g。

⑧ 蒸馏水：950.0 mL。

（2）增菌剂的配法

30%卵黄盐水 50 mL 与通过 0.22 μm 孔径滤膜进行过滤除菌的 1%亚碲酸钾溶液 10 mL 混合，保存于冰箱内。

（3）制法

将各成分加到蒸馏水中，加热煮沸至完全溶解，调节 pH 至（7.0 ± 0.2）。分装每瓶 95 mL，121 ℃高压灭菌 15 min。临用时加热溶化琼脂，冷却至 50 ℃，每 95 mL 加入预热至 50 ℃的卵黄亚碲酸钾增菌剂 5 mL 摇匀后倾注平板。培养基应是致密不透明的。使用前在冰箱储存不得超过 48 h。

7.3.4 脑心浸出液肉汤（BHI）

（1）成分

① 胰蛋白质胨：10.0 g。

② 氯化钠：5.0 g。

③ 十二水磷酸氢二钠：2.5 g。

④ 葡萄糖：2.0 g。

⑤ 牛心浸出液：500.0 mL。

（2）制法

加热溶解，调节 pH 至（7.4 ±0.2），分装 16 mm × 160 mm 试管，每管 5 mL置 121 ℃，15 min 灭菌。

7.3.5 兔血浆

取枸橼酸钠 3.8 g，加蒸馏水 100 mL，溶解后过滤，装瓶，121 ℃高压灭菌 15 min。兔血浆制备：取 3.8%枸橼酸钠溶液 1 份，加兔全血 4 份，混好静置（或以3000 r/min离心30 min），使血液细胞下降，即可得血浆。

7.3.6　稀释液：磷酸盐缓冲液

（1）成分

① 磷酸二氢钾（KH_2PO_4）：34.0 g。

② 蒸馏水：500.0 mL。

（2）制法

储存液：称取34.0 g磷酸二氢钾溶于500 mL蒸馏水中，用大约175 mL 1 mol/L氧化钠溶液调节pH至7.2，用蒸馏水稀释至1000 mL后储存于冰箱。

稀释液：取储存液1.25 mL，用蒸馏水稀释至1000 mL，分装于适宜容器中，121 ℃高压灭菌15 min。

7.3.7　营养琼脂小斜面

（1）成分

① 蛋白胨：10.0 g。

② 牛肉膏：3.0 g。

③ 氯化钠：5.0 g。

④ 琼脂：15.0～20.0 g。

⑤ 蒸馏水：1000.0 mL。

（2）制法

将除琼脂以外的各成分溶解于蒸馏水内，加入15%氢氧化钠溶液约2 mL调节pH至（7.3 ±0.2）。加入琼脂，加热煮沸，使琼脂溶化，分装13 mm × 130 mm试管，121 ℃高压灭菌15 min。

7.3.8　革兰氏染色液

（1）结晶紫染色液

① 成分。a. 结晶紫：1.0 g。b. 95%乙醇：20.0 mL。c. 1%草酸铵水溶液：80.0 mL。

② 制法。将结晶紫完全溶解于乙醇中，然后与草酸铵溶液混合。

（2）革兰氏碘液

① 成分。a. 碘：1.0 g。b. 碘化钾：2.0 g。c. 蒸馏水：300.0 mL。

② 制法。将碘与碘化钾先行混合，加入蒸馏水少许充分振摇，待完全溶解后，再加蒸馏水至300 mL。

（3）沙黄复染液

① 成分。a. 沙黄：0.25 g。b. 95%乙醇：10.0 mL。c. 蒸馏水：90.0 mL。

② 制法。将沙黄溶解于乙醇中，然后用蒸馏水稀释。

(4) 染色法

① 涂片在火焰上固定，滴加结晶紫染液，染 1 min，水洗。

② 滴加革兰氏碘液，作用 1 min，水洗。

③ 滴加 95% 乙醇脱色 15 ~ 30 s，直至染色液被洗掉，不要过分脱色，水洗。

④ 滴加复染液，复染 1 min，水洗、待干、镜检。

7.3.9 无菌生理盐水

(1) 成分

① 氯化钠：8.5 g。

② 蒸馏水：1000.0 mL。

(2) 制法

称取 8.5 g 氯化钠溶于 1000 mL 蒸馏水中，121 ℃高压灭菌 15 min。

7.4 第一法 金黄色葡萄球菌定性检验

7.4.1 检验程序

金黄色葡萄球菌定性检验程序如图 4 -8 所示。

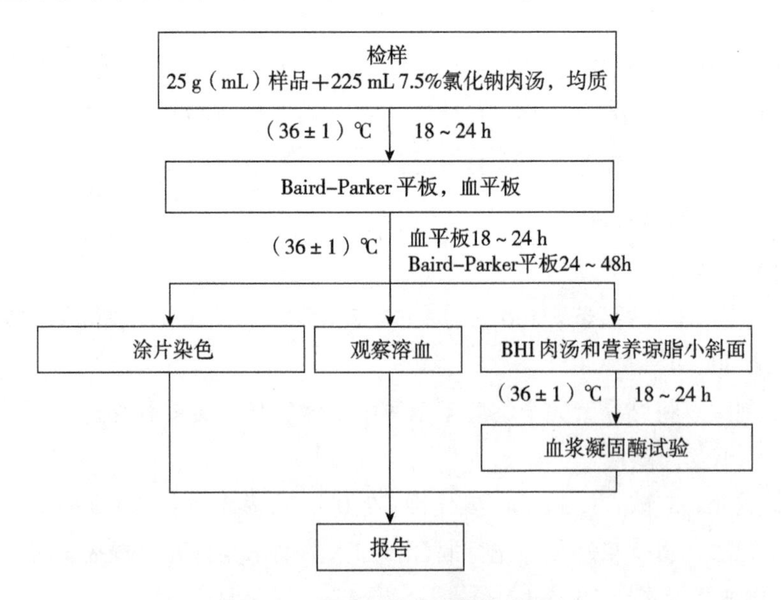

图 4 -8 金黄色葡萄球菌检验程序

7.4.2　操作步骤

（1）样品的处理

称取 25 g 样品至盛有 225 mL 7.5%氯化钠肉汤的无菌均质杯内，8000 ~ 10 000 r/min均质 1 ~ 2 min，或放入盛有 225 mL 7.5%氯化钠肉汤无菌均质袋中，用拍击式均质器拍打 1 ~ 2 min。若样品为液态，吸取 25 mL 样品至盛有 225 mL 7.5%氯化钠肉汤的无菌锥形瓶（瓶内可预置适当数量的无菌玻璃珠）中，振荡混匀。

（2）增菌

将上述样品匀液于（36 ± 1）℃培养 18 ~ 24 h。金黄色葡萄球菌在 7.5%氯化钠肉汤中呈混浊生长。

（3）分离

将增菌后的培养物，分别划线接种到 Baird – Parker 平板和血平板上，血平板（36 ± 1）℃培养 18 ~ 24 h。Baird – Parker 平板（36 ± 1）℃培养 24 ~ 48 h。

（4）初步鉴定

金黄色葡萄球菌在 Baird – Parker 平板上呈圆形，表面光滑、凸起、湿润、菌落直径为 2 ~ 3 mm，颜色呈灰黑色至黑色，有光泽，常有浅色（非白色）的边缘，周围绕以不透明圈（沉淀），其外常有一清晰带。当用接种针触及菌落时具有黄油样黏稠感。有时可见到不分解脂肪的菌株，除没有不透明圈和清晰带外，其他外观基本相同。从长期储存的冷冻或脱水食品中分离菌落，其黑色常较典型菌落浅些，且外观可能较粗糙，质地较干燥。在血平板上，形成菌落较大，圆形、光滑凸起、湿润、金黄色（有时为白色），菌落周围可见完全透明溶血圈。挑取上述可疑菌落进行革兰氏染色镜检及血浆凝固酶试验。

（5）确证鉴定

① 染色镜检：金黄色葡萄球菌为革兰氏阳性球菌，排列呈葡萄球状，无芽孢，无荚膜，直径为 0.5 ~ 1 μm。

② 血浆凝固酶试验：挑取 Baird – Parker 平板或血平板上至少 5 个可疑菌落（小于 5 个全选），分别接种到 5 mLBHI 和营养琼脂小斜面，（36 ± 1）℃培养 18 ~ 24 h。

取新鲜配制兔血浆 0.5 mL，放入小试管中，再加入 BHI 培养物 0.2 ~ 0.3 mL，振荡摇匀，置（36 ± 1）℃温箱或水浴箱内，每 0.5 h 观察 1 次，观察 6 h，如呈现凝固（即将试管倾斜或倒置时，呈现凝块）或凝固体积大于原体积的1/2，被判定为阳性结果。同时以血浆凝固酶试验阳性和阴性葡萄球菌菌株的肉汤培养物作为对照。也可用商品化的试剂，按说明书操作，进行血浆凝固酶试验。

结果如可疑，挑取营养琼脂小斜面的菌落到 5 mL BHI，(36 ± 1)℃培养 18 ~ 48 h，重复试验。

7.4.3 结果与报告

① 结果判定：符合 7.4.2 的（4）和（5）可判定为金黄色葡萄球菌。

② 结果报告：在 25 g（mL）样品中检出或未检出金黄色葡萄球菌。

7.5 第二法 金黄色葡萄球菌平板计数法

7.5.1 检验程序

金黄色葡萄球菌平板计数法检验程序如图 4 –9 所示。

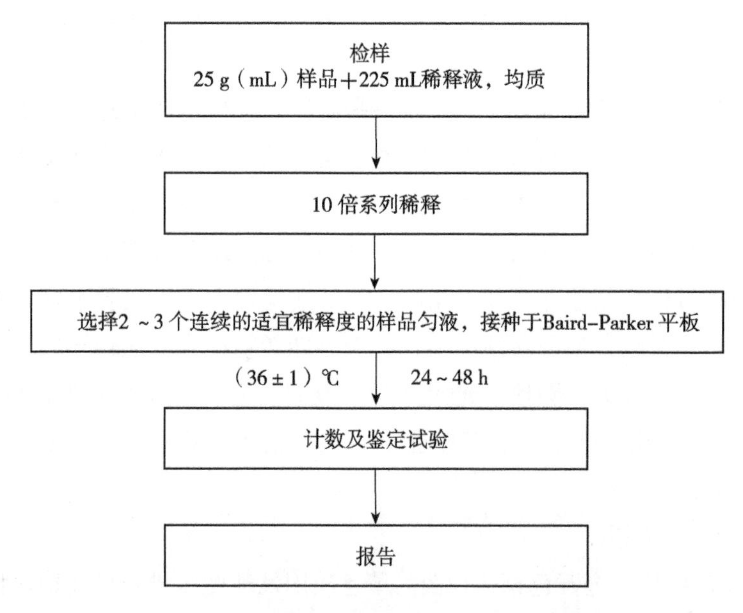

图 4 –9 金黄色葡萄球菌平板计数法检验程序

7.5.2 操作步骤

（1）样品的稀释

① 固体和半固体样品：称取 25 g 样品置于盛有 225 mL 磷酸盐缓冲液或生理盐水的无菌均质杯内，8000 ~ 10 000 r/min 均质 1 ~ 2 min，或置于盛有 225 mL 稀释液的无菌均质袋中，用拍击式均质器拍打 1 ~ 2 min，制成 1 : 10 的样品匀液。

② 液体样品：以无菌吸管吸取 25 mL 样品置于盛有 225 mL 磷酸盐缓冲液或生理盐水的无菌锥形瓶（瓶内预置适当数量的无菌玻璃珠）中，充分混匀，制成 1：10 的样品匀液。

③ 用 1 mL 无菌吸管或微量移液器吸取 1：10 样品匀液 1 mL，沿管壁缓慢注于盛有 9 mL 磷酸盐缓冲液或生理盐水的无菌试管中（注意吸管或吸头尖端不要触及稀释液面），振摇试管或换用一支 1 mL 无菌吸管反复吹打使其混合均匀，制成 1：100 的样品匀液。

④ 按③操作程序，制备 10 倍系列稀释样品匀液。每递增稀释 1 次，换用 1 次 1 mL 无菌吸管或吸头。

（2）样品的接种

根据对样品污染状况的估计，选择 2 ~ 3 个适宜稀释度的样品匀液（液体样品可包括原液），在进行 10 倍递增稀释的同时，每个稀释度分别吸取 1 mL 样品匀液以 0.3 mL、0.3 mL、0.4 mL 接种量分别加入 3 块 Baird – Parker 平板，然后用无菌涂布棒涂布整个平板，注意不要触及平板边缘。使用前，如 Baird – Parker 平板表面有水珠，可放在 25 ~ 50 ℃的培养箱里干燥，直到平板表面的水珠消失。

（3）培养

在通常情况下，涂布后将平板静置 10 min，如样液不易吸收，可将平板放在培养箱（36 ± 1）℃培养 1 h；等样品匀液吸收后翻转平板，倒置后于（36 ± 1）℃培养 24 ~ 48 h。

（4）典型菌落计数和确认

① 金黄色葡萄球菌在 Baird – Parker 平板上呈圆形，表面光滑、凸起、湿润、菌落直径为 2 ~ 3 mm，颜色呈灰黑色至黑色，有光泽，常有浅色（非白色）的边缘，周围绕以不透明圈（沉淀），其外常有一清晰带。当用接种针触及菌落时具有黄油样黏稠感。有时可见到不分解脂肪的菌株，除没有不透明圈和清晰带外，其他外观基本相同。从长期储存的冷冻或脱水食品中分离的菌落，其黑色常较典型菌落浅些，且外观可能较粗糙，质地较干燥。

② 选择有典型的金黄色葡萄球菌菌落的平板，且同一稀释度 3 个平板所有菌落数合计 20 ~ 200 CFU 的平板，计数典型菌落数。

③ 从典型菌落中至少选 5 个可疑菌落（小于 5 个全选）进行鉴定试验。分别做染色镜检，血浆凝固酶试验［见 7.4.2（5）］；同时划线接种到血平板（36 ± 1）℃培养 18 ~ 24 h 后观察菌落形态，金黄色葡萄球菌菌落较大，

圆形、光滑凸起、湿润、金黄色（有时为白色），菌落周围可见完全透明溶血圈。

7.5.3 结果计算

①若只有1个稀释度平板的典型菌落数在20～200 CFU，计数该稀释度平板上的典型菌落，按式（4.2）计算。

②若最低稀释度平板的典型菌落数小于20 CFU，计数该稀释度平板上的典型菌落，按式（4.2）计算。

③若某一稀释度平板的典型菌落数大于200 CFU，但下一稀释度平板上没有典型菌落，计数该稀释度平板上的典型菌落，按式（4.2）计算。

④若某一稀释度平板的典型菌落数大于200 CFU，而下一稀释度平板上虽有典型菌落但不在20～200 CFU范围内，应计数该稀释度平板上的典型菌落，按式（4.2）计算。

⑤若2个连续稀释度的平板典型菌落数均在20～200 CFU，按式（4.3）计算。

⑥计算公式如下：

$$T = \frac{AB}{Cd}。 \tag{4.2}$$

式中：

T——样品中金黄色葡萄球菌菌落数；

A——某一稀释度典型菌落的总数；

B——某一稀释度鉴定为阳性的菌落数；

C——某一稀释度用于鉴定试验的菌落数；

d——稀释因子。

$$T = \frac{A_1B_1/C_1 + A_2B_2/C_2}{1.1d}。 \tag{4.3}$$

式中：

T——样品中金黄色葡萄球菌菌落数；

A_1——第一稀释度（低稀释倍数）典型菌落的总数；

B_1——第一稀释度（低稀释倍数）鉴定为阳性的菌落数；

C_1——第一稀释度（低稀释倍数）用于鉴定试验的菌落数；

A_2——第二稀释度（高稀释倍数）典型菌落的总数；

B_2——第二稀释度（高稀释倍数）鉴定为阳性的菌落数；

C_2——第二稀释度（高稀释倍数）用于鉴定试验的菌落数；

1.1——计算系数；

d——稀释因子（第一稀释度）。

7.5.4　报告

根据7.5.3中公式计算结果，报告每克（毫升）样品中金黄色葡萄球菌数，以CFU/g（mL）表示；如 T 为0，则以小于1乘以最低稀释倍数报告。

7.6　第三法　金黄色葡萄球菌MPN计数

7.6.1　检验程序

金黄色葡萄球菌MPN计数检验程序如图4-10所示。

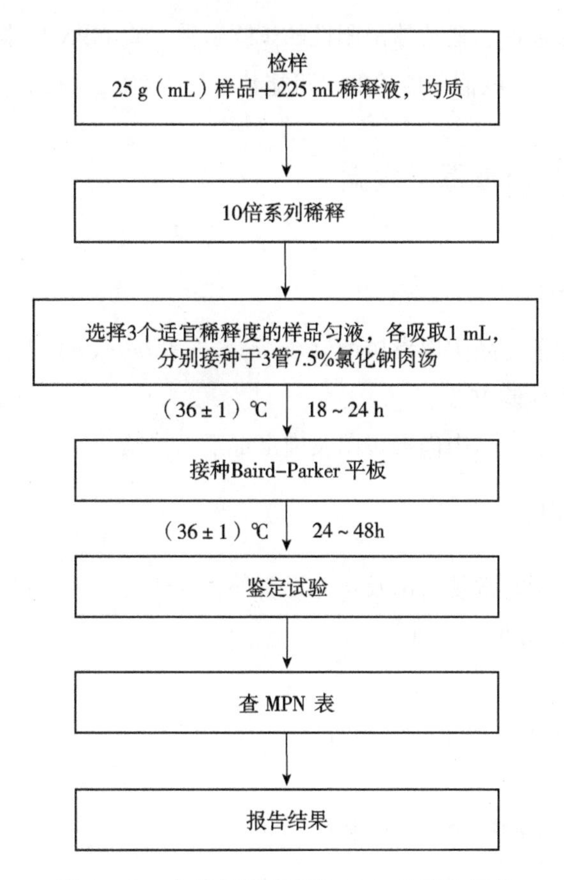

图4-10　金黄色葡萄球菌MPN法检验程序

7.6.2　操作步骤

样品的稀释按7.5.2（1）进行。

7.6.3 接种和培养

① 根据对样品污染状况的估计，选择 3 个适宜稀释度的样品匀液（液体样品可包括原液），在进行 10 倍递增稀释的同时，每个稀释度分别接种 1 mL 样品匀液至 7.5% 氯化钠肉汤管（如接种量超过 1 mL，则用双料 7.5% 氯化钠肉汤），每个稀释度接种 3 管，将上述接种物（36 ±1）℃培养 18 ~24 h。

② 用接种环从培养后的 7.5% 氯化钠肉汤管中分别取培养物 1 环，移种于 Baird - Parker 平板（36 ±1）℃培养 24 ~48 h。

③典型菌落确认按 7.5.2（4）中的①和③进行。

7.6.4 结果与报告

根据证实为金黄色葡萄球菌阳性的试管管数，查 MPN 检索表，报告每克（毫升）样品中金黄色葡萄球菌的最可能数，以 MPN/g（mL）表示。

8 肉毒梭菌及肉毒毒素检验[8]

8.1 适用范围

本方法规定了食品中肉毒梭菌（*Clostridium botulinum*）及肉毒毒素（botulinum toxin）的检验方法。

本方法适用于食品中肉毒梭菌及肉毒毒素的检验。

8.2 设备和材料

除微生物实验室常规灭菌及培养设备外，其他设备和材料如下。

① 冰箱：2 ~5 ℃、 -20 ℃。

② 天平：感量 0.1 g。

③ 无菌手术剪、镊子、试剂勺。

④ 均质器或无菌乳钵。

⑤ 离心机：3000 r/min、14 000 r/min。

⑥ 厌氧培养装置。

⑦ 恒温培养箱：(35 ±1)℃、(28 ±1)℃。

⑧ 恒温水浴箱：(37 ±1)℃、(60 ±1)℃、(80 ±1)℃。

⑨ 显微镜：10 ~100 倍。

⑩ PCR 仪。

⑪ 电泳仪或毛细管电泳仪。

⑫ 凝胶成像系统或紫外检测仪。

⑬ 核酸蛋白分析仪或紫外分光光度计。

⑭ 可调微量移液器：0.2 ~ 2 μL、2 ~ 20 μL、20 ~ 200 μL、100 ~ 1000 μL。

⑮ 无菌吸管：1.0 mL、10.0 mL、25.0 mL。

⑯ 无菌锥形瓶：100 mL。

⑰ 培养皿：直径 90 mm。

⑱ 离心管：50 mL、1.5 mL。

⑲ PCR 反应管。

⑳ 无菌注射器：1.0 mL。

㉑ 小鼠：15 ~ 20 g，每一批次试验应使用同一品系的 KM 或 ICR 小鼠。

8.3　培养基和试剂

除另有规定外，PCR 试验所用试剂为分析纯或符合生化试剂标准，水应符合国家一级水的要求。

8.3.1　庖肉培养基

（1）成分

① 新鲜牛肉：500.0 g。

② 蛋白胨：30.0 g。

③ 酵母浸膏：5.0 g。

④ 磷酸二氢钠：5.0 g。

⑤ 葡萄糖：3.0 g。

⑥ 可溶性淀粉：2.0 g。

⑦ 蒸馏水：1000.0 mL。

（2）制法

称取新鲜除去脂肪与筋膜的牛肉 500.0 g，切碎，加入蒸馏水 1000 mL 和 1 mol/L 氢氧化钠溶液 25 mL，搅拌煮沸 15 min，充分冷却，除去表层脂肪，纱布过滤并挤出肉渣余液，分别收集肉汤和碎肉渣。在肉汤中加入成分表中其他物质并用蒸馏水补足至 1000 mL，调节 pH 至（7.4 ± 0.1），肉渣凉至半干。在 20 mm × 150 mm 试管中先加入碎肉渣 1 ~ 2 cm 高，每管加入还原铁粉 0.1 ~ 0.2 g 或少许铁屑，再加入配制肉汤 15 mL，最后加入液状石蜡覆盖培养基0.3～0.4 cm，121 ℃高压蒸汽灭菌20 min。

8.3.2 胰蛋白酶胰蛋白胨葡萄糖酵母膏肉汤（TPGYT）

（1）基础成分（TPGY肉汤）

① 胰酪胨（trypticase）：50.0 g。

② 蛋白胨：5.0 g。

③ 酵母浸膏：20.0 g。

④ 葡萄糖：4.0 g。

⑤ 硫乙醇酸钠：1.0 g。

⑥ 蒸馏水：1000.0 mL。

（2）胰酶液

称取胰酶（1∶250）1.5 g，加入100 mL蒸馏水中溶解，膜过滤除菌，4 ℃保存备用。

（3）制法

将（1）中成分溶于蒸馏水中，调节pH至（7.2±0.1），分装20 mm×150 mm试管，每管15 mL，加入液状石蜡覆盖培养基0.3～0.4 cm，121 ℃高压蒸汽灭菌10 min。冰箱冷藏，两周内使用。临用接种样品时，每管加入胰酶液1.0 mL。

8.3.3 卵黄琼脂培养基

（1）基础培养基成分

① 酵母浸膏：5.0 g。

② 胰胨：5.0 g。

③ 脲胨（proteose peptone）：20.0 g。

④ 氯化钠：5.0 g。

⑤ 琼脂：20.0 g。

⑥ 蒸馏水：1000.0 mL。

（2）卵黄乳液

用硬刷清洗鸡蛋2～3个，沥干，杀菌消毒表面，无菌打开，取出内容物，弃去蛋白，用无菌注射器吸取蛋黄，放入无菌容器中，加等量无菌生理盐水，充分混合调匀，4 ℃保存备用。

（3）制法

将（1）中成分溶于蒸馏水中，调节pH至（7.0±0.2），分装锥形瓶，121 ℃高压蒸汽灭菌15 min，冷却至50 ℃左右，按每100 mL基础培养基加入

15 mL 卵黄乳液，充分混匀，倾注平板，35 ℃培养 24 h 进行无菌检查后，冷藏备用。

8.3.4 明胶磷酸盐缓冲液

（1）成分

① 明胶：2.0 g。

② 磷酸氢二钠（Na_2HPO_4）：4.0 g。

③ 蒸馏水：1000.0 mL。

（2）制法

将（1）中成分溶于蒸馏水中，调节 pH 至 6.2，121 ℃高压蒸汽灭菌 15 min。

8.3.5 革兰氏染色液

（1）结晶紫染色液

① 成分。a. 结晶紫：1.0 g。b. 95% 乙醇：20.0 mL。c. 1% 草酸铵水溶液：80.0 mL。

② 制法。将结晶紫完全溶于乙醇中，再与草酸铵溶液混合。

（2）革兰氏碘液

① 成分。a. 碘：1.0 g。b. 碘化钾：2.0 g。c. 蒸馏水：300.0 mL。

② 制法。将碘与碘化钾先行混合，加入蒸馏水少许充分振摇，待完全溶解后，再加蒸馏水至 300 mL。

（3）沙黄复染液

① 成分。a. 沙黄：0.25 g。b. 95% 乙醇：10.0 mL。c. 蒸馏水：90.0 mL。

② 制法。将沙黄溶于乙醇中，再加蒸馏水至 100 mL。

（4）染色方法

涂片在酒精灯火焰上固定，滴加结晶紫染色液覆盖，染色 1 min，水洗；滴加革兰氏碘液覆盖，作用 1 min，水洗；滴加 95% 乙醇脱色 15 ~ 30 s（可将乙醇覆盖整个涂片，立即倾去，再用乙醇覆盖涂片，作用约 10 s，倾去脱色液，滴加乙醇从涂片流下至出现无色为止），水洗；滴加沙黄复染液覆盖，染色 1 min，水洗，待干、镜检。

8.3.6 10% 胰蛋白酶溶液

（1）成分

① 胰蛋白酶（1∶250）：10.0 g。② 蒸馏水：100.0 mL。

（2）制法

将胰蛋白酶溶于蒸馏水中，膜过滤除菌，4 ℃保存备用。

8.3.7 磷酸盐缓冲液（PBS）

（1）成分

① 氯化钠：7.650 g。

② 磷酸氢二钠：0.724 g。

③ 磷酸二氢钾：0.210 g。

④ 超纯水：1000.0 mL。

（2）制法

准确称取（1）中化学试剂，溶于超纯水中，测试 pH 7.4。

8.3.8 1 mol/L 氢氧化钠溶液

8.3.9 1 mol/L 盐酸溶液

8.3.10 肉毒毒素诊断血清

8.3.11 无水乙醇和95%乙醇

8.3.12 10 mg/mL 溶菌酶溶液

8.3.13 10 mg/mL 蛋白酶 K 溶液

8.3.14 3 mol/L 乙酸钠溶液（pH 5.2）

8.3.15 TE 缓冲液

8.3.16 引物

根据表 4 – 16 中序列合成，临用时用超纯水配制，引物浓度为 10 μmol/L。

8.3.17 10 × PCR 缓冲液

8.3.18 25 mmol/L $MgCl_2$

8.3.19 dNTPs（dATP、dTTP、dCTP、dGTP）

8.3.20 *Taq* 酶

8.3.21 琼脂糖（电泳级）

8.3.22 溴化乙锭或 Goldview

8.3.23 5 × TBE 缓冲液

8.3.24 6 × 加样缓冲液

8.3.25　DNA 分子量标准

8.4　检验程序

肉毒梭菌及肉毒毒素检验程序如图 4－11 所示。

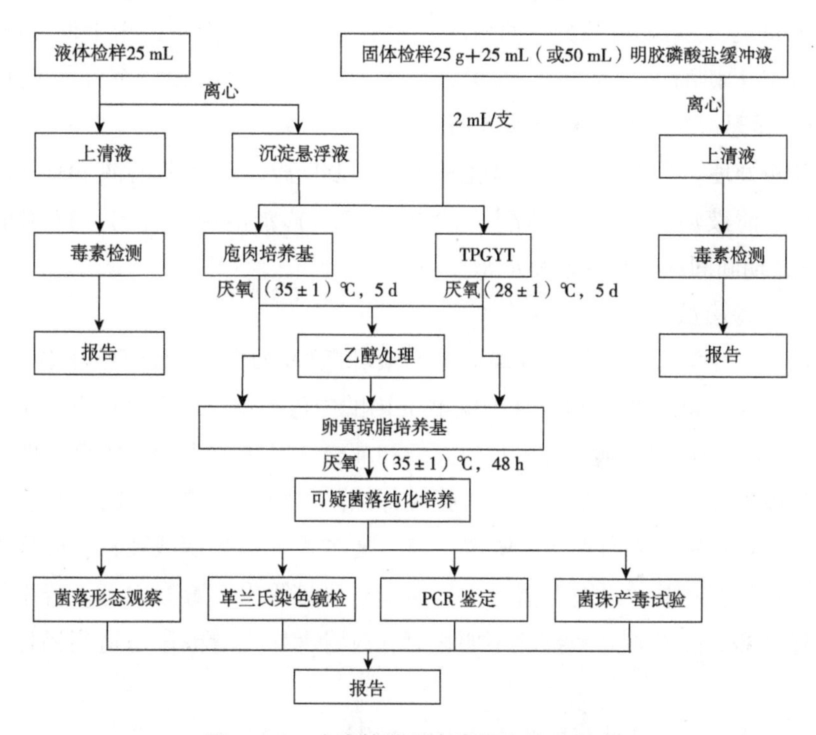

图 4－11　肉毒梭菌及肉毒毒素检验程序

8.5　操作步骤

8.5.1　样品制备

① 样品保存：待检样品应放置 2～5 ℃冰箱冷藏。

② 固态与半固态食品：固体或游离液体很少的半固态食品，以无菌操作称取样品 25 g，放入无菌均质袋或无菌乳钵，块状食品以无菌操作切碎，含水量较高的固态食品加入 25 mL 明胶磷酸盐缓冲液，乳粉、牛肉干等含水量低的食品加入 50 mL 明胶磷酸盐缓冲液，浸泡 30 min，用拍击式均质器拍打 2 min或用无菌研杵研磨制备样品匀液，收集备用。

③ 液态食品：液态食品摇匀，以无菌操作量取 25 mL 检验。

④ 剩余样品处理：取样后的剩余样品放 2～5 ℃冰箱冷藏，直至检验结果报告发出后，按感染性废弃物要求进行无害化处理，检出阳性的样品应采

用压力蒸汽灭菌方式进行无害化处理。

8.5.2 肉毒毒素检测

(1) 毒素液制备

取样品匀液约 40 mL 或均匀液体样品 25 mL 放入离心管，3000 r/min 离心 10 ~ 20 min，收集上清液分为两份放入无菌试管中，一份直接用于毒素检测；另一份用于胰酶处理后进行毒素检测。液体样品保留底部沉淀及液体约 12 mL，重悬，制备沉淀悬浮液备用。

胰酶处理：用 1 mol/L 氢氧化钠或 1 mol/L 盐酸调节上清液 pH 至 6.2，按 9 份上清液加 1 份 10% 胰酶（活力 1 : 250）水溶液，混匀，37 ℃孵育 60 min，期间间或轻轻摇动反应液。

(2) 检出试验

用 5 号针头注射器分别取离心上清液和胰酶处理上清液腹腔注射小鼠 3 只，每只 0.5 mL，观察和记录小鼠 48 h 内的中毒表现。典型肉毒毒素中毒症状多在 24 h 内出现，通常在 6 h 内发病和死亡，其主要表现为竖毛、四肢瘫软，呼吸困难，呈现风箱式呼吸、腰腹部凹陷、宛如蜂腰，多因呼吸衰竭而死亡，可初步判定为肉毒毒素所致。若小鼠在 24 h 后发病或死亡，应仔细观察小鼠症状，必要时浓缩上清液重复试验，以排除肉毒毒素中毒。若小鼠出现猝死（30 min 内）导致症状不明显时，应将毒素上清液进行适当稀释，重复试验。

注：毒素检测动物试验应遵循 GB 15193.2《食品安全国家标准　食品毒理学实验室操作规范》的规定。

(3) 确证试验

上清液和（或）胰酶处理上清液的毒素试验阳性者，取相应试验液 3 份，每份 0.5 mL，第一份加等量多型混合肉毒毒素诊断血清，混匀，37 ℃孵育 30 min；第二份加等量明胶磷酸盐缓冲液，混匀后煮沸 10 min；第三份加等量明胶磷酸盐缓冲液，混匀。将 3 份混合液分别腹腔注射小鼠各两只，每只 0.5 mL，观察 96 h 内小鼠的中毒和死亡情况。

结果判定：若注射第一份和第二份混合液的小鼠未死亡，而第三份混合液小鼠发病死亡，并出现肉毒毒素中毒的特有症状，则判定检测样品中检出肉毒毒素。

8.5.3 肉毒梭菌检验

(1) 增菌培养与检出试验

① 取出庖肉培养基4支和TPGY肉汤管2支，隔水煮沸10~15 min，排除溶解氧，迅速冷却，切勿摇动，在TPGY肉汤管中缓慢加入胰酶液至液状石蜡液面下肉汤中，每支1 mL，制备成TPGYT。

② 吸取样品匀液或毒素制备过程中的离心沉淀悬浮液2 mL接种至庖肉培养基中，每份样品接种4支，2支直接放置（35±1）℃厌氧培养5 d，另2支放80 ℃保温10 min，再放置（35±1）℃厌氧培养5 d；同样方法接种2支TPGYT肉汤管，（28±1）℃厌氧培养5 d。

注：接种时，用无菌吸管轻轻吸取样品匀液或离心沉淀悬浮液，将吸管口小心插入肉汤管底部，缓缓放出样液至肉汤中，切勿搅动或吹气。

③ 检查记录增菌培养物的浊度、产气、肉渣颗粒消化情况，并注意气味。肉毒梭菌培养物为产气、肉汤混浊（庖肉培养基中A型和B型肉毒梭菌肉汤变黑）、消化或不消化肉粒、有异臭味。

④ 取增菌培养物进行革兰氏染色镜检，观察菌体形态，注意是否有芽孢、芽孢的相对比例、芽孢在细胞内的位置。

⑤ 若增菌培养物5 d无菌生长，应延长培养至10 d，观察生长情况。

⑥ 取增菌培养物阳性管的上清液，按8.5.2方法进行毒素检出和确证试验，必要时进行定型试验，阳性结果可证明样品中有肉毒梭菌存在。

注：TPGYT增菌液的毒素试验无须添加胰酶处理。

（2）分离与纯化培养

① 增菌液前处理，吸取1 mL增菌液至无菌螺旋帽试管中，加入等体积过滤除菌的无水乙醇，混匀，在室温下放置1 h。

② 取增菌培养物和经乙醇处理的增菌液分别划线接种至卵黄琼脂平板，（35±1）℃厌氧培养48 h。

③ 观察平板培养物菌落形态，肉毒梭菌菌落隆起或扁平、光滑或粗糙，易成蔓延生长，边缘不规则，在菌落周围形成乳色沉淀晕圈（E型较宽，A型和B型较窄），在斜视光下观察，菌落表面呈现珍珠样虹彩，这种光泽区可随蔓延生长扩散到不规则边缘区外的晕圈。

④ 菌株纯化培养，在分离培养平板上选择5个肉毒梭菌可疑菌落，分别接种卵黄琼脂平板，（35±1）℃厌氧培养48 h，按8.5.3（2）中的③观察菌落形态及其纯度。

（3）鉴定试验

① 染色镜检。挑取可疑菌落进行涂片、革兰氏染色和镜检，肉毒梭菌菌

体形态为革兰氏阳性粗大杆菌、芽孢卵圆形、大于菌体、位于次端，菌体呈网球拍状。

② 毒素基因检测。

a. 菌株活化：挑取可疑菌落或待鉴定菌株接种 TPGY，(35 ± 1)℃厌氧培养 24 h。

b. DNA 模板制备：吸取 TPGY 培养液 1.4 mL 至无菌离心管中，14 000 × g 离心 2 min，弃上清，加入 1.0 mL PBS 悬浮菌体，14 000 × g 离心2 min，弃上清，用 400 μL PBS 重悬沉淀，加 10 mg/mL 溶菌酶溶液 100 μL，摇匀，37 ℃水浴 15 min，加入 10 mg/mL 蛋白酶 K 溶液 10 μL，摇匀，60 ℃水浴 1 h，再沸水浴 10 min，14 000 × g 离心 2 min，上清液转移至无菌小离心管中，加入 3 mol/L NaAc 溶液 50 μL 和 95% 乙醇 1.0 mL，摇匀，－70 ℃或－20 ℃放置 30 min，14 000 × g 离心 10 min，弃去上清液，沉淀干燥后溶于 200 μL TE 缓冲液，置于－20 ℃保存备用。

注：根据实验室实际情况，也可采用常规水煮沸法或商品化试剂盒制备 DNA 模板。

c. 核酸浓度测定（必要时）：取 5 μL DNA 模板溶液，加超纯水稀释至 1 mL，用核酸蛋白分析仪或紫外分光光度计分别检测 260 nm 和 280 nm 波段的吸光值 A_{260} 和 A_{280}。按式（4.4）计算 DNA 浓度。当浓度在 0.34 ~ 340 μg/mL 或 A_{260}/A_{280} 比值在 1.7 ~ 1.9 时，适宜于 PCR 扩增。

$$C = A_{260} \times N \times 50。\qquad (4.4)$$

式中：

C——DNA 浓度，单位为 μg/mL；

A_{260}——260 nm 处的吸光值；

N——核酸稀释倍数。

d. PCR 扩增：分别采用针对各型肉毒梭菌毒素基因设计的特异性引物（表 4－16）进行 PCR 扩增，包括 A 型肉毒毒素（botulinum neurotoxin A，bont/A）、B 型肉毒毒素（botulinum neurotoxin B，bont/B）、E 型肉毒毒素（botulinum neurotoxin E，bont/E）和 F 型肉毒毒素（botulinum neurotoxin F，bont/F），每个 PCR 反应管检测一种型别的肉毒梭菌。反应体系配制如表 4－17 所示，反应体系中各试剂的量可根据具体情况或不同的反应总体积进行相应调整。反应程序，预变性 95 ℃、5 min；循环参数 94 ℃、1 min，60 ℃、1 min，72 ℃、1 min；循环数 40；后延伸 72 ℃、10 min；4 ℃保存备用。PCR

扩增体系应设置阳性对照、阴性对照和空白对照。用含有已知肉毒梭菌菌株或含肉毒毒素基因的质控品作阳性对照、非肉毒梭菌基因组 DNA 作阴性对照、无菌水作空白对照。

表 4-16　肉毒梭菌毒素基因 PCR 检测的引物序列及其产物

检测肉毒梭菌类型	引物序列	扩增长度/bp
A 型	F5′-GTG ATA CAA CCA GAT GGT AGT TAT AG-3′ R5′-AAA AAA CAA GTC CCA ATT ATT AAC TTT-3′	983
B 型	F5′-GAG ATG TTT GTG AAT ATT ATG ATC CAG-3′ R5′-GTT CAT GCA TTA ATA TCA AGG CTG G-3′	492
E 型	F5′-CCA GGC GGT TGT CAA GAA TTT TAT-3′ R5′-TCA AAT AAA TCA GGC TCT GCT CCC-3′	410
F 型	F5′-GCT TCA TTA AAG AAC GGA AGC AGT GCT-3′ R5′-GTG GCG CCT TTG TAC CTT TTC TAG G-3′	1137

表 4-17　肉毒梭菌毒素基因 PCR 检测的反应体系

试剂	终浓度	加入体积/μL
10×PCR 缓冲液	1×	5.0
25 mmol/L $MgCl_2$	2.5 mmol/L	5.0
10 mmol/L dNTPs	0.2 mmol/L	1.0
10 μmol/L 正向引物	0.5 μmol/L	2.5
10 μmol/L 反向引物	0.5 μmol/L	2.5
5 U/μL *Taq* 酶	0.05 U/μL	0.5
DNA 模板	—	1.0
ddH_2O	—	32.5
总体积	—	50.0

e. 凝胶电泳检测 PCR 扩增产物，用 0.5×TBE 缓冲液配制 1.2%～1.5% 琼脂糖凝胶，凝胶加热融化后冷却至 60 ℃左右加入溴化乙锭至 0.5 μg/mL 或 Goldview 5 μL/100 mL 制备胶块，取 10 μL PCR 扩增产物与 2.0 μL 6×加样缓冲液混合，点样，其中一孔加入 DNA 分子量标准。0.5×TBE 电泳缓冲液，10 V/cm 恒压电泳，根据溴酚蓝的移动位置确定电泳时间，用紫外检测仪或凝胶成像系统观察和记录结果。PCR 扩增产物也可采用毛细管电泳仪进行检测。

f. 结果判定，阴性对照和空白对照均未出现条带，阳性对照出现预期大小的扩增条带（表4－16），判定本次PCR检测成立；待测样品出现预期大小的扩增条带，判定为PCR结果阳性，根据表4－16判定肉毒梭菌菌株型别，待测样品未出现预期大小的扩增条带，判定PCR结果为阴性。

注：PCR试验环境条件和过程控制应参照GB/T 27403《实验室质量控制规范　食品分子生物学检测》规定执行。

③ 菌株产毒试验。

将PCR阳性菌株或可疑肉毒梭菌菌株接种庖肉培养基或TPGYT肉汤（用于E型肉毒梭菌），按8.5.3（1）中的②条件厌氧培养5 d，按8.5.2方法进行毒素检测和（或）定型试验，毒素确证试验阳性者，判定为肉毒梭菌，根据定型试验结果判定肉毒梭菌型别。

注：根据PCR阳性菌株型别，可直接用相应型别的肉毒毒素诊断血清进行确证试验。

8.6 结果报告

8.6.1 肉毒毒素检测结果报告

根据8.5.2（2）和8.5.2（3）试验结果，报告25 g（mL）样品中检出或未检出肉毒毒素。

8.6.2 肉毒梭菌检验结果报告

根据8.5.3各项试验结果，报告样品中检出或未检出肉毒梭菌或检出某型肉毒梭菌。

9 霉菌和酵母计数[9]

9.1 适用范围

本方法规定了食品中霉菌和酵母（moulds and yeasts）的计数方法。

本方法第一法适用于各类食品中霉菌和酵母的计数；第二法适用于番茄酱罐头、番茄汁中霉菌的计数。

9.2 设备和材料

除微生物实验室常规灭菌及培养设备外，其他设备和材料如下。

① 培养箱：(28 ±1)℃。
② 拍击式均质器及均质袋。
③ 电子天平：感量0.1 g。
④ 无菌锥形瓶：容量500 mL。
⑤ 无菌吸管：1 mL（具0.01 mL刻度）、10 mL（具0.1 mL刻度）。
⑥ 无菌试管：18 mm×180 mm。
⑦ 旋涡混合器。
⑧ 无菌平皿：直径90 mm。
⑨ 恒温水浴箱：(46 ±1)℃。
⑩ 显微镜：10~100倍。
⑪ 微量移液器及枪头：1.0 mL。
⑫ 折光仪。
⑬ 郝氏计测玻片：具有标准计测室的特制玻片。
⑭ 盖玻片。
⑮ 测微器：具标准刻度的玻片。

9.3 培养基和试剂

9.3.1 生理盐水

（1）成分
① 氯化钠：8.5 g。
② 蒸馏水：1000.0 mL。
（2）制法
氯化钠加入1000 mL蒸馏水中，搅拌至完全溶解，分装后，121 ℃灭菌15 min，备用。

9.3.2 马铃薯葡萄糖琼脂

（1）成分
① 马铃薯（去皮切块）：300 g。
② 葡萄糖：20.0 g。
③ 琼脂：20.0 g。
④ 氯霉素：0.1 g。
⑤ 蒸馏水：1000.0 mL。
（2）制法

将马铃薯去皮切块，加 1000 mL 蒸馏水，煮沸 10 ~ 20 min。用纱布过滤，补加蒸馏水至 1000 mL。加入葡萄糖和琼脂，加热溶解，分装后，121 ℃灭菌 15 min，备用。

9.3.3 孟加拉红琼脂

(1) 成分

① 蛋白胨：5.0 g。

② 葡萄糖：10.0 g。

③ 磷酸二氢钾：1.0 g。

④ 硫酸镁（无水）：0.5 g。

⑤ 琼脂：20.0 g。

⑥ 孟加拉红：0.033 g。

⑦ 氯霉素：0.1 g。

⑧ 蒸馏水：1000.0 mL。

(2) 制法

上述各成分加入蒸馏水中，加热溶解，补足蒸馏水至 1000 mL，分装后，121 ℃灭菌 15 min，避光保存备用。

9.3.4 磷酸盐缓冲液

(1) 成分

① 磷酸二氢钾：34.0 g。

② 蒸馏水：500.0 mL。

(2) 制法

储存液：称取 34.0 g 磷酸二氢钾溶于 500 mL 蒸馏水中，用约 175 mL 1 mol/L 氢氧化钠溶液调节 pH 至（7.2 ± 0.1），用蒸馏水稀释至 1000 mL，后储存于冰箱。

稀释液：取储存液 1.25 mL，用蒸馏水稀释至 1000 mL，分装于适宜容器中，121 ℃高压灭菌 15 min。

9.4 第一法 霉菌和酵母平板计数法

9.4.1 检验程序

霉菌和酵母平板计数法的检验程序如图 4 – 12 所示。

9.4.2 操作步骤

(1) 样品的稀释

① 固体和半固体样品：称取 25 g 样品，加入 225 mL 无菌稀释液（蒸馏水、生理盐水或磷酸盐缓冲液），充分振摇，或用拍击式均质器拍打 1 ~ 2 min，制成 1∶10 的样品匀液。

② 液体样品：以无菌吸管吸取 25 mL 样品至盛有 225 mL 无菌稀释液（蒸馏水、生理盐水或磷酸盐缓冲液）的适宜容器内（可在瓶内预置适当数量的无菌玻璃珠）或无菌均质袋中，充分振摇或用拍击式均质器拍打 1 ~ 2 min，制成 1∶10 的样品匀液。

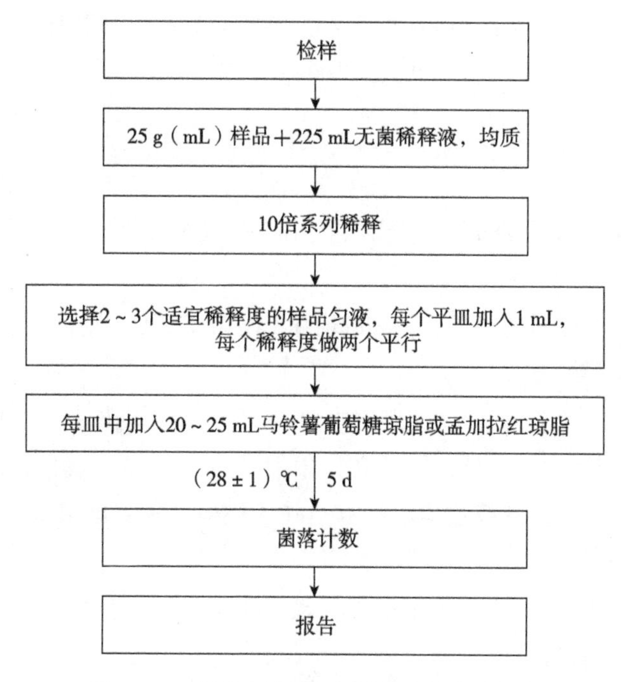

图 4 – 12　霉菌和酵母平板计数法的检验程序

③ 取 1 mL 1∶10 样品匀液注入含有 9 mL 无菌稀释液的试管中，另换一支 1 mL无菌吸管反复吹吸，或在旋涡混合器上混匀，此液为 1∶100 的样品匀液。

④ 按③操作，制备 10 倍递增系列稀释样品匀液。每递增稀释 1 次，换用一支 1 mL 无菌吸管。

⑤ 根据对样品污染状况的估计，选择 2 ~ 3 个适宜稀释度的样品匀液（液体样品可包括原液），在进行 10 倍递增稀释的同时，每个稀释度分别吸取 1 mL 样品匀液于 2 个无菌平皿内。同时分别取 1 mL 无菌稀释液加入 2 个无菌平皿作空白对照。

⑥ 及时将 20 ~ 25 mL 冷却至 46 ℃的马铃薯葡萄糖琼脂或孟加拉红琼脂［可放置于（46 ±1）℃恒温水浴箱中保温］倾注平皿，并转动平皿使其混合均

匀。置水平台面待培养基完全凝固。

(2) 培养

琼脂凝固后，正置平板，置 (28 ±1)℃培养箱中培养，观察并记录培养至第5天的结果。

(3) 菌落计数

用肉眼观察，必要时可用放大镜或低倍镜，记录稀释倍数和相应的霉菌和酵母菌落数。以菌落形成单位 (CFU) 表示。

选取菌落数在10～150 CFU 的平板，根据菌落形态分别计数霉菌和酵母。霉菌蔓延生长覆盖整个平板的可记录为菌落蔓延。

9.4.3 结果与报告

(1) 结果

① 计算同一稀释度的两个平板菌落数的平均值，再将平均值乘以相应稀释倍数。

② 若有两个稀释度平板上菌落数均在10～150 CFU，则按照 GB 4789.2 的相应规定进行计算。

③ 若所有平板上菌落数均大于150 CFU，则对稀释度最高的平板进行计数，其他平板可记录为多不可计，结果按平均菌落数乘以最高稀释倍数计算。

④ 若所有平板上菌落数均小于10 CFU，则应按稀释度最低的平均菌落数乘以稀释倍数计算。

⑤ 若所有稀释度 (包括液体样品原液) 平板均无菌落生长，则以小于1乘以最低稀释倍数计算。

⑥ 若所有稀释度的平板菌落数均不在10～150 CFU，其中一部分小于10 CFU或大于150 CFU 时，则以最接近10 CFU 或150 CFU 的平均菌落数乘以稀释倍数计算。

(2) 报告

① 菌落数按“四舍五入”原则修约。菌落数在10以内时，采用一位有效数字报告；菌落数在10～100时，采用两位有效数字报告。

② 菌落数大于或等于100时，前第3位数字按“四舍五入”原则修约后，取前2位数字，后面用0代替位数来表示结果；也可用10的指数形式来表示，此时也按“四舍五入”原则修约，采用两位有效数字。

③ 若空白对照平板上有菌落出现，则此次检测结果无效。

④ 称重取样以 CFU/g 为单位报告，体积取样以 CFU/mL 为单位报告，报

告或分别报告霉菌和（或）酵母数。

9.5　第二法　霉菌直接镜检计数法

操作步骤如下。

① 检样的制备：取适量检样，加蒸馏水稀释至折光指数为1.3447～1.3460（即浓度为7.9%～8.8%），备用。

② 显微镜标准视野的校正：将显微镜按放大率90～125倍调节标准视野，使其直径为1.382 mm。

③ 涂片：洗净郝氏计测玻片，将制好的标准液，用玻璃棒均匀地摊布于计测室，加盖玻片，以备观察。

④ 观测：将制好的载玻片置于显微镜标准视野下进行观测。一般每一检样每人观察50个视野。同一检样应由两人进行观察。

⑤ 结果与计算：在标准视野下，发现有霉菌菌丝其长度超过标准视野（1.382 mm）的1/6或3根菌丝总长度超过标准视野的1/6（即测微器的一格）时即记录为阳性（+），否则记录为阴性（-）。

⑥ 报告：报告每100个视野中全部阳性视野数为霉菌的视野百分数（视野%）。

参考文献

[1] 中华人民共和国国家卫生和计划生育委员会，国家食品药品监督管理总局. 食品安全国家标准　食品微生物学检验　菌落总数测定：GB 4789.2－2016 [S]. 北京：中国标准出版社，2017：1－5.

[2] 中华人民共和国国家卫生和计划生育委员会，国家食品药品监督管理总局. 食品安全国家标准　食品微生物学检验　大肠菌群计数：GB 4789.3－2016 [S]. 北京：中国标准出版社，2017：1－9.

[3] 中华人民共和国国家卫生和计划生育委员会，国家食品药品监督管理总局. 食品安全国家标准　食品微生物学检验　沙门氏菌检验：GB 4789.4－2016 [S]. 北京：中国标准出版社，2017：1－20.

[4] 中华人民共和国国家卫生和计划生育委员会，国家食品药品监督管理总局. 食品安全国家标准　食品微生物学检验　致泻大肠埃希氏菌检验：GB 4789.6－2016 [S]. 北京：中国标准出版社，2017：1－17.

[5] 中华人民共和国国家卫生和计划生育委员会. 食品安全国家标准　食品微生物学检验　副溶血性弧菌检验：GB 4789.7－2016 [S]. 北京：中国

标准出版社，2014：1－13.

[6] 中华人民共和国国家卫生和计划生育委员会. 食品安全国家标准 食品微生物学检验小肠结肠炎耶尔森氏菌检验：GB 4789.8－2016 [S]. 北京：中国标准出版社，2017：1－9.

[7] 中华人民共和国国家卫生和计划生育委员会，国家食品药品监督管理总局. 食品安全国家标准 食品微生物学检验 金黄色葡萄球菌检验：GB 4789.10－2016 [S]. 北京：中国标准出版社，2017：1－15.

[8] 中华人民共和国国家卫生和计划生育委员会，国家食品药品监督管理总局. 食品安全国家标准 食品微生物学检验 肉毒梭菌及肉毒毒素检验：GB 4789.12－2016 [S]. 北京：中国标准出版社，2017：1－11.

[9] 中华人民共和国国家卫生和计划生育委员会. 食品安全国家标准 食品微生物学检验 霉菌和酵母计数：GB 4789.15－2016 [S]. 北京：中国标准出版社，2017：1－5.